Signifikante Schule der schlichten Statistik

Jürgen Engel

Filander Verlag
Fürth
1997

Engel, Jürgen:
Signifikante Schule der schlichten Statistik / Jürgen Engel. –
Fürth: Filander-Verl., 1997
(Studienhandbuch Biologie)
ISBN 3-930831-07-4

Statistik gehört zur Biologie wie der Hase zu Ostern. Sie ist zwar nicht unbedingt erforderlich, aber nichtsdestotrotz allgegenwärtig. Während einige (angehende) Biologen vor ihrer Anwendung eher zurückschrecken, gelingt es anderen, schlechte Untersuchungen durch unzählige Testverfahren soweit zu verschleiern, daß das Ergebnis bedeutsam aussieht. Zur Vermeidung dieser beiden Extrempositionen sollte jeder Biologe über ein gewisses statistisches Grundwissen verfügen, wie es im folgenden dargeboten wird. Die beiden Kapitel III und IV sind dabei weniger zum Durchlesen gedacht, als vielmehr zum Nachschlagen. Tunlichst sollte man sich jedoch schon vor Beginn einer jeden Datensammlung über die genaue Fragestellung, die damit verbundenen Hypothesen und die spätere statistische Auswertung im klaren sein, um unliebsame Überraschungen zu vermeiden. Fehler bei der Datenaufnahme lassen sich auch durch die besten statistischen Tests nicht mehr korrigieren, höchstens vertuschen! Im Kapitel VI sollen einige Fragen dazu anregen, sich (nochmals) intensiv mit einzelnen Teilgebieten zu beschäftigen. Es enthält nicht nur wertvolle Hinweise, sondern auch alle Antworten.

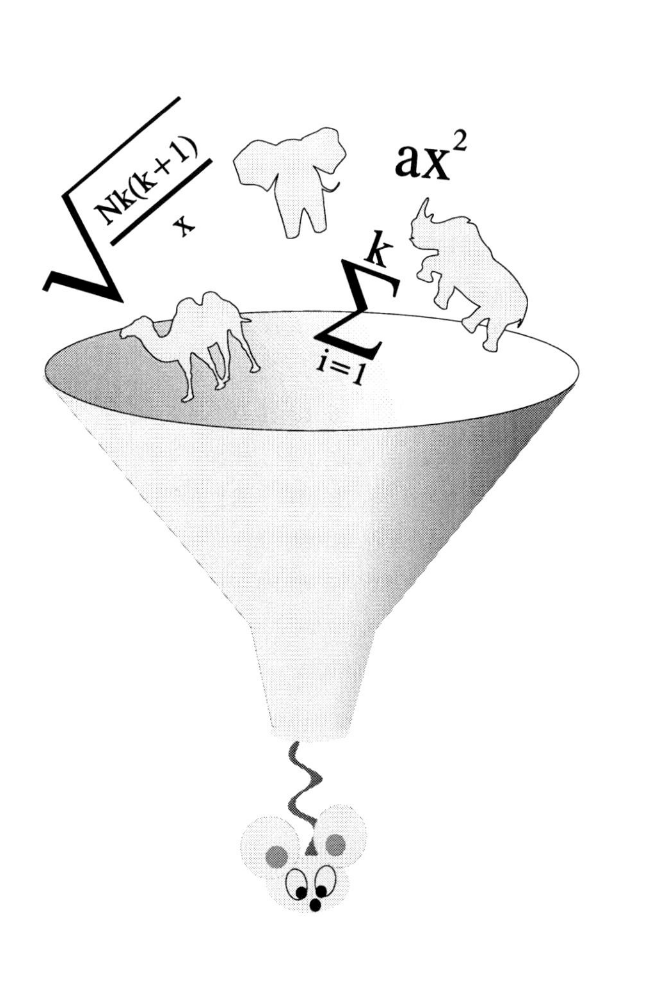

Nk(k+1)
x
ax²
k
i=1

Inhaltsverzeichnis

I. Was sollte man wissen?

Get your facts right first and then
you can distort them as much as you please.
MARK TWAIN

In diesem Kapitel wird erklärt, wie statistische Tests arbeiten. Auch wenn man das für ihre Anwendung nicht unbedingt wissen muß, erleichtert es das Verständnis und die Interpretation der Ergebnisse später doch wesentlich.

Bei *Statistik* denken die meisten Leute an Elemente der *deskriptiven (beschreibenden) Statistik* wie Mittelwerte oder tabellarisch dargestellte Ergebnisse von Zählungen. Dieser Bereich der Statistik dient jedoch nur zum Beschreiben von Daten. Für den Forscher ist die *analytische (schließende) Statistik* oder *Interferenzstatistik* wesentlich wichtiger. Sie gibt Auskunft darüber, mit welcher Wahrscheinlichkeit in Stichprobenerhebungen ermittelte Unterschiede oder Gesetzmäßigkeiten rein zufällig entstanden sein können. Dadurch wird es möglich, solche wissenschaftlichen Aussagen ein Stück weit zu verallgemeinern, die höchstwahrscheinlich nicht auf Zufall beruhen (Ableitung von Gesetzmäßigkeiten). Es lassen sich aber mit Hilfe der Statistik Behauptungen nicht zweifelsfrei beweisen; eine gewisse Unsicherheit/Fehlerwahrscheinlichkeit bleibt immer, auch wenn diese in Einzelfällen sehr gering sein kann.

Am Anfang steht stets eine Fragestellung, die einen Forscher interessiert. Man will zum Beispiel wissen, ob männliche Sägeschwäne (*Cygnus serratus*) schwerer sind als weibliche. Dazu gilt es als erstes zwei Hypothesen aufzustellen. Einmal die sogenannte *Nullhypothese* H_0, die stets besagt, daß keine Unterschiede vorliegen (bzw. im vorliegenden Fall mit einschließt, daß die Weibchen gewichtiger sind), und dann die *Alternativhypothese* H_1 (Forschungshypothese), die hier lautet, daß die Männchen schwerer sind als die Weibchen. Es ist offensichtlich, daß sich die beiden Hypothesen gegenseitig ausschließen. Die Entscheidung, welche von beiden man für richtig hält, wird mittels eines statistischen Tests getroffen.

Als nächstes benötigt man *Stichproben.* Dies sind kleinere, zufällig ausgewählte Datensätze aus der *Population* oder *Grundgesamtheit* der Werte von allen Individuen. Man wiegt beispielsweise zehn männliche und acht weibliche Schwäne. Den jeweiligen Mittelwert davon nimmt man als Schätzwert für das durchschnittliche geschlechtsspezifische Körpergewicht. Rein theoretisch könnte man die Mittelwerte natürlich auch exakt bestimmen, indem man alle Tiere wiegt. Dies läßt sich jedoch nur in den wenigsten Fällen praktisch durchführen. Als

Prüfgröße könnte man im Beispiel die Differenz der beiden Mittelwerte nehmen.

Als nächstes muß nun die *Stichprobenverteilung* bestimmt werden. Dies ist die theoretische Häufigkeitsverteilung aller möglichen Werte der Prüfgröße, die sich ergibt, wenn man sämtliche mögliche Zufallsstichproben gleichen Umfangs aus denselben Grundgesamtheiten wie die gemessenen Stichproben bildet — unter der Annahme, daß die Nullhypothese richtig ist. Für das Beispiel wird die Häufigkeitsverteilung aller auftretenden Werte der Prüfgröße benötigt, die sich aus den Körpergewichten von zehn gewogenen Männchen und acht Weibchen ergeben können, wenn man davon ausgeht, daß der Mittelwert bei beiden Geschlechtern identisch ist. Solch eine hypothetische Stichprobenverteilung zeigt Abb. 1. Um die Verteilung nicht in jedem Fall neu bestimmen zu müssen, wird sie bei den allermeisten Tests auf eine bekannte Verteilung (z.B. *Normalverteilung*, *Student'sche t-Verteilung*, *Chi-Quadrat-Verteilung*, *Binomialverteilung* oder *F-Verteilung*) zurückgeführt, deren Werte tabelliert vorliegen.

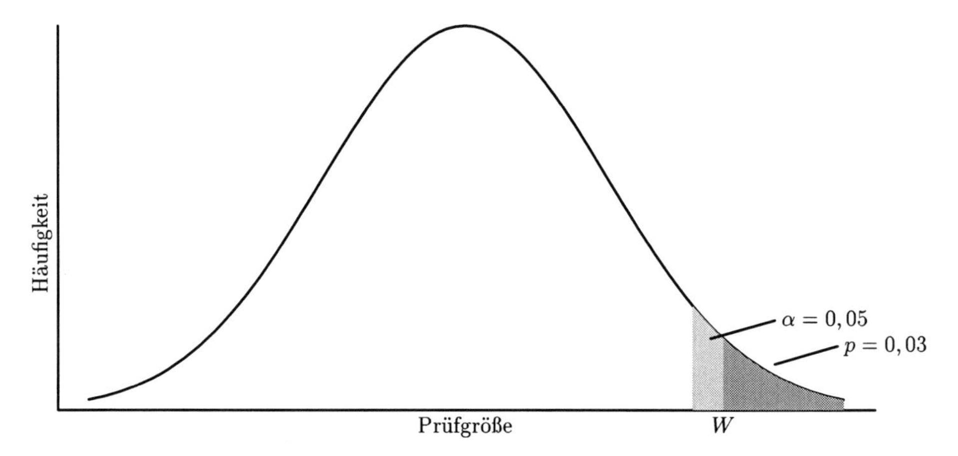

Abb. 1: Stichprobenverteilung. Dem errechneten Wert w der Prüfgröße ist die dunkelgraue Irrtumswahrscheinlichkeit p zugeordnet. Da diese innerhalb des hellgrauen Ablehnungsbereiches des Signifikanzniveaus α liegt, wird die Alternativhypothese H_1 anstelle der Nullhypothese H_0 akzeptiert (einseitige Fragestellung, vgl. Kap II).

Bei der Entscheidung zwischen Nullhypothese H_0 und Alternativhypothese H_1 können vier verschiedene Fälle auftreten:

angenommen wird	H_0	H_1
H_0 wahr	richtig, aber meist uninteressant	falsch, Fehler 1. Art
Wahrscheinlichkeit	$1-\alpha$	α
H_0 falsch	falsch, Fehler 2. Art	richtig und meist erwünscht
Wahrscheinlichkeit	β	$1-\beta$

Das *Signifikanzniveau* α gibt die Wahrscheinlichkeit an, die Nullhypothese H_0 zugunsten der Alternativhypothese H_1 zurückzuweisen, obwohl erstere richtig gewesen wäre (*Fehler 1. Art*). Da man diesen Fall möglichst vermeiden will, und das Signifikanzniveau frei wählbar ist, setzt man in der Biologie meist $\alpha = 0,05$ oder $\alpha = 0,01$. Der jeweils verwendete Wert muß explizit angegeben werden. Für lebenswichtige Entscheidungen in der medizinischen Forschung ist ein deutlich geringerer Wert angeraten, da man nicht das Risiko eingehen will, jeden zwanzigsten oder hundertsten Patienten zu schädigen. Der jeweils verwendete Wert muß explizit angegeben werden. Die Wahrscheinlichkeit für den *Fehler 2. Art* β ist durch die Wahl des Tests, des Signifikanzniveaus α und der Anzahl der Daten in der Stichprobe (*Stichprobengröße*, *Stichprobenumfang*) eindeutig festgelegt. Je kleiner α, desto größer ist bei gleichem Stichprobenumfang β. Und je größer die Stichprobe, desto kleiner wird β. Die Wahrscheinlichkeit, eine falsche Nullhypothese gerechtfertigterweise zu verwerfen, beträgt $1-\beta$ und wird als *Teststärke* bezeichnet. Sie ist eine charakteristische Eigenschaft für jedes Testverfahren. Das Ergebnis der meisten statistischen Tests ist eine *Irrtumswahrscheinlichkeit* p. Es ist die Wahrscheinlichkeit, mit der man sich irrt, wenn man behauptet, daß die Alternativ- und nicht die Nullhypothese richtig ist. Es entspricht der Wahrscheinlichkeit für das Eintreten des in der Stichprobe gemessenen Ereignisses oder eines noch extremeren. Rein mathematisch gesehen entspricht der Irrtumswahrscheinlichkeit der Flächenanteil der Stichprobenverteilung, der von dem im Stichprobenfall errechneten Wert der Prüfgröße bis zu den Extremwerten reicht (Abb. 1). Sie errechnet sich durch Summation (diskrete Stichprobenverteilung), beziehungsweise Integration (stetige Stichprobenverteilung) aus der Fläche unter der Verteilungskurve. Für die gängigen Verteilungen sind die Werte dankenswerterweise in Tabellen zu finden.

Auf dieselbe Weise läßt sich auch der dem gewählten Signifikanzniveau α zuzuordnende *Ablehnungsbereich* der Stichprobenverteilung ermitteln (Abb. 1). Er gibt den Abschnitt der Verteilung wieder, in den die Prüfgröße nur mit einer Wahrscheinlichkeit von α fällt. Liegt die Prüfgröße daher in diesem Bereich, so tut sie dies wahrscheinlich nicht zufällig. In diesem Fall ($p \leq \alpha$) wird die Alternativhypothese H_1 anstelle der Nullhypothese H_0 akzeptiert. Man spricht dann von einem *signifikanten Ergebnis.* Gelegentlich werden auch Begriffe wie „hoch signifikant" oder „höchst signifikant" verwendet. Da sie aber in den einschlägigen Normen (DIN 13303 und DIN 55350) nicht erwähnt werden, muß man ihre Bedeutung eigens definieren — falls man nicht auf sie verzichten möchte.

Tests, die nicht alle vorhandenen Signifikanzen bemerken, bezeichnet man als *konservativ.* Das bedeutet, daß das tatsächliche Signifikanzniveau geringer ist als das nominelle. Dadurch steigt die Wahrscheinlichkeit, einen tatsächlich bestehenden Unterschied nicht zu erkennen, während es gleichzeitig unwahrscheinlicher wird, einen Unterschied festzustellen, wo gar keiner vorliegt. Eine Abweichung dieser Art ist im allgemeinen nicht problematisch.

II. Was muß man wissen?

In ancient times they had no statistics
so they had to fall back on lies.
STEPHEN LEACOCK

Wie in allen wissenschaftlichen Disziplinen gibt es auch in der Statistik ein Fachvokabular. In diesem Kapitel werden dessen wichtigste Begriffe kurz erklärt. Einige werden als bekannt vorausgesetzt, wie *Nullhypothese* H_0, *Alternativhypothese* H_1, *Stichprobe*, *Stichprobengröße* und *-umfang*, *Population*, *Grundgesamtheit*, *Signifikanzniveau* α, *Irrtumswahrscheinlichkeit* p, *Fehler 1. und 2. Art*, *Teststärke* und *Signifikanz*. Sind sie es nicht, so kann man sein Wissen im vorhergehenden Kapitel auffrischen (was, ganz nebenbei gesagt, sowieso empfohlen wird).

Einer der wesentlichen Gesichtspunkte für die Auswahl eines geeigneten Testverfahrens ist das Skalenniveau, auf dem die Stichprobendaten gemessen werden. *Nominaldaten* stellen das niedrigste Meßniveau dar. Die Daten können nur sich gegenseitig ausschließenden, ungeordneten Kategorien (z.B. Geschlecht, Farbe, Parteizugehörigkeit, Beruf) zugeordnet werden und spiegeln dann Häufigkeiten dieser Kategorien wider. Die Darstellung solcher Daten erfolgt meist in *Mehrfelder-Tafeln*, bei denen jeder Kategorie oder Kategorienkombination ein Feld entspricht. *Ordinaldaten* können in geordnete Klassen eingeteilt werden (z.B. Altersklassen, Schulbildung, militärische Dienstgrade). Zwischen den Klassen läßt sich zwar eine Beziehung ('kleiner', 'größer') angeben und den einzelnen Daten Rangordungsplätze zuteilen, jedoch nichts über die tatsächliche Größe des Unterschieds aussagen. Dies geht nur bei metrischen Meßwerten, den *Intervalldaten* (z.B. Temperatur, Größe, Gewicht). Unter Statistikern etwas umstritten ist das Skalenniveau von Prozentzahlen. Jedoch spricht wohl in den meisten Fällen nichts dagegen, sie den Intervalldaten zuzurechnen.

Ein weiteres Auswahlkriterium für statistische Verfahren ist die Abhängigkeit der vorliegenden Stichproben. Bei *unabhängigen Stichproben* stammen die Werte in allen Proben von unterschiedlichen Individuen/Untersuchungsobjekten, die in keiner engeren Beziehung zueinander stehen. Zwischen *abhängigen Stichproben* besteht eine enge Zusammengehörigkeit. Entweder werden dieselben Objekte wiederholt gemessen und steuern zu jeder Stichprobe einen Wert bei, oder von verschiedenen Individuen, die in einer engen Beziehung zueinander stehen (z.B. Verwandte), ist in jeder Stichprobe eins mit einem Datenpunkt vertreten. Folglich haben abhängige Stichproben stets alle denselben Umfang, während er bei unabhängigen Stichproben variieren kann.

Wird eine *einseitige Fragestellung* getestet, so hat der Forscher schon bei der Formulierung seiner Hypothesen gewisse Vorstellungen über die Richtung des erwarteten Unterschieds. Die Alternativhypothese kann beispielsweise lauten: „der Mittelwert von Stichprobe A ist größer als der von Stichprobe B". Bei einer *zweiseitigen Fragestellung* wird in der Alternativhypothese lediglich behauptet, daß ein Unterschied besteht, aber nicht in welcher Richtung. Das spiegelt sich auch in der Ermittlung des Ablehnungsbereichs der Stichprobenverteilung wider. Während in Abb. 1 der Ablehnungsbereich für eine einseitige Fragestellung eingezeichnet ist, stellt Abb. 2 den für eine zweiseitige Fragestellung dar. Die Fläche des Bereichs umfaßt in beiden Fällen denselben Prozentsatz der Gesamtfläche unter der Kurve, ist jedoch beim zweiseitigen Test auf die beiden Randbereiche der Stichprobenverteilung aufgeteilt. Ausdrücklich sei nochmals darauf hingewiesen, daß die Entscheidung für eine ein- oder zweiseitige Fragestellung schon vor Durchführung des Tests (aufgrund von Vorabinformationen) getroffen werden muß!

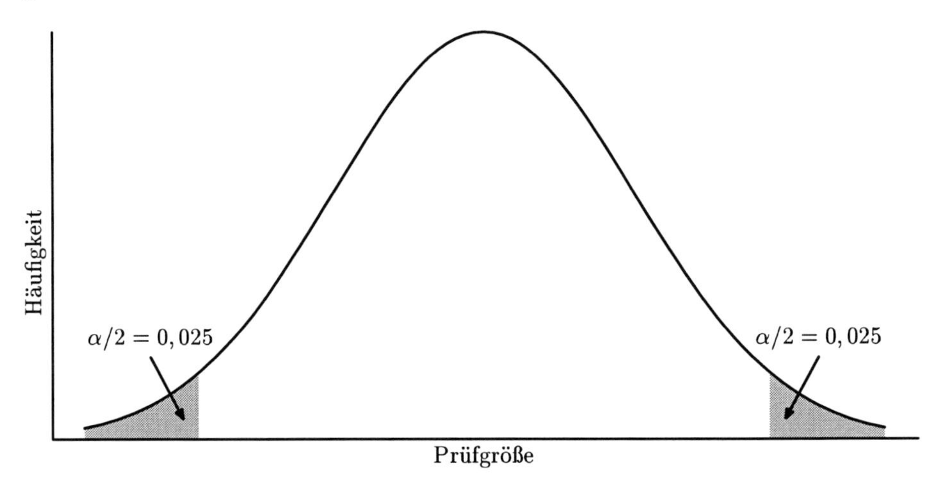

Abb. 2: Stichprobenverteilung mit hellgrau eingezeichnetem Ablehnungsbereich für eine zweiseitige Fragestellung bei einem Signifikanzniveau von $\alpha = 0,05$.

Bei allen statistischen Verfahren lassen sich zwei verschiedene Typen unterscheiden: nichtparametrische oder verteilungsfreie und *parametrische Tests*. Letztere (wie z.B. t-Test, Varianzanalyse oder Pearson's Maßkorrelationskoeffizient) stellen wesentlich mehr Bedingungen an die zu untersuchenden Daten. Vor allem müssen diese auf Intervallniveau gemessen worden sein, für jede Stichprobe aus einer normalverteilten Grundgesamtheit mit identischer Varianz stammen und innerhalb jeder Stichprobe voneinander unabhängig sein (siehe auch Kapitel V). Dafür besitzen parametrische Tests eine große Teststärke. Das bedeutet, sie erkennen vorhandene Unterschiede schon bei relativ kleinen Stichprobenumfängen. *Nicht-parametrische Tests* (wie z.B. Chi-Quadrat-Test, Mann-Whitney U-Test oder Spearman Rang-Korrelationskoeffizient) setzen nur voraus, daß die Daten einer Stichprobe voneinander unabhängig sind. Sie sind häufig etwas schwächer als vergleichbare parametrische Tests und sind noch nicht für alle Problemstellungen ausgearbeitet worden. Dafür lassen sich auch Nominal- und Ordinaldaten, sowie äußerst kleine Stichproben analysieren.

Manchmal lassen sich nicht normalverteilte Intervalldaten durch eine *Transformation* einer Normalverteilung weit genug annähern, daß anschließend parametrische Tests mit ihnen durchgeführt werden können. Dabei werden alle Ausgangswerte x mittels derselben mathematischen Funktion zu neuen Werten y umgeformt. Je nach Ausgangsdaten haben sich verschiedene Funktionen bewährt:[1]

Ausgangsdaten	Transformationsfunktion
Linksschiefe Verteilung	$y = x^a$
Rechtsschiefe Verteilung	$y = \log(x + a)$
	$y = \sqrt{x}$
	$y = \frac{1}{x}$
	$y = \frac{1}{\sqrt{x+a}}$
Prozentzahlen	$y = \arcsin(\sqrt{x})$

Die Größe des Parameters a muß durch Ausprobieren gefunden werden.

Multivariate Analysemethoden (wie z.B. Mehrdimensionale Varianzanalyse oder Faktorenanalyse) untersuchen gleichzeitig mehrere Variablen, die untereinander in einer gewissen Beziehung stehen. *Unabhängige Variablen* charakterisieren die verschiedenen Untergruppen, Fälle, Bedingungen oder Ursachen, nach denen die *abhängigen Variablen*, für die Werte gemessen wurden, unterteilt werden. Man will beispielsweise untersuchen, ob die Körpergröße (in diesem Fall abhängige Variable) bei Bürstenschweinen (*Sus peniculus*) vom Geschlecht und/oder Alter (in diesem Fall unabhängige Variablen) abhängt. Dazu werden möglichst viele Schweine verschiedenen Geschlechts und Alters gemessen. Weitere unabhängige Variablen (z.B. Unterart-Zugehörigkeit), die zwar bekanntermaßen einen Einfluß auf die abhängige Variable haben, welcher aber während der Analyse nicht weiter untersucht und statistisch entfernt wird, bezeichnet man als *Kovariate*.

Einzelne Extremwerte in einer Stichprobe, die wesentlich größer oder kleiner sind als der Großteil der übrigen Daten, nennt man *Ausreißer*.

[1] zur Schiefe siehe Kapitel IV, A.

Was muß man wissen?

Bei vielen Tests wird die *Anzahl der Freiheitsgrade FG* berechnet. Diese geben die Anzahl der Beobachtungen an, die frei variiert werden können, nachdem Stichprobenumfang und Prüfgröße festgelegt worden sind. Die genaue Berechnung ist testspezifisch und wird jedesmal explizit angegeben.

III. Welches Verfahren soll man anwenden?

He uses statistics as a drunken man uses a lamp post
— more for support than illumination.
ANDREW LANG

Erfahrungsgemäß liegt die Hauptschwierigkeit bei einer statistischen Datenanalyse in der Auswahl eines geeigneten Testverfahrens. Zwar gibt es sehr leistungsfähige Computerprogramme zum Rechnen von Tests, jedoch keine, die die Auswahl völlig selbständig übernehmen. In diesem Kapitel soll deshalb für die häufigsten Fragestellungen das entsprechende statistische Verfahren gesucht und (hoffentlich) gefunden werden. Am besten überlegt man sich in jedem Fall noch vor der Datenaufnahme, mit welchen Tests man später seine Hypothesen beweisen möchte.

Die Auswahl des Testverfahrens erfolgt anhand eines Bestimmungsschlüssels, da davon auszugehen ist, daß Biologen im Umgang mit solchen geübt sind. Sicherlich sind hier nicht alle Möglichkeiten abgedeckt. Spezialthemen wie Zeitreihen, Verfahren zum Schätzen von Parametern (z.B. Probitanalyse), Conjoint-Analyse, Kontingenzanalyse, Profilanalyse und ähnliches werden nicht aufgeführt. Häufig gibt es noch weitere wohlklingende, aber weniger gebräuchliche Tests, wie zum Beispiel den Bowker-Test, Durbin-Test, Ferguson-Test, Moses-Test, Normalrangtest, Quantiltest, Shukla-Test, Van-Valen-Test oder Walsh-Test. Auch diese werden hier schlichtweg ignoriert. Darüberhinaus werden immer wieder neue (Varianten von) Tests entwickelt. Teilweise sind daher der Vollständigkeit halber für dieselbe Problemstellung mehrere weitgehend gleichwertige Verfahren angegeben. Es ist schwierig, statistische Tests in ein so starres Schema zu pressen. Im Einzelfall sind daher oft (z.B. je nach Zusammenfassung der Daten) mehrere Verfahren möglich. Es sollte jedoch stets dasjenige verwendet werden, das das Maximum der in den Daten enthaltenen Informationen berücksichtigt.

Die meisten Wörter des „Fachchinesisch“ wurden in den vorhergehenden Kapiteln erklärt. Parametrische Verfahren sind als solche gekennzeichnet; bevorzugt werden allerdings nicht-parametrische Tests behandelt, da sie in der Biologie verbreiteter sind. Bei den wichtigsten Verfahren, die dann im Kapitel IV genauer vorgestellt werden, verweist ein Pfeil → auf die genaue Fundstelle.

Auswahl geeigneter Verfahren

1. Welche Meßskala liegt den Daten zugrunde?
   - Lineare (z.B. Zentimeter, Altersklassen, Verhaltensweisen) 2
   - Kreisförmige (z.B. Richtung in Grad, Uhrzeit, Wochentag) 15
2. Was soll getan werden?
   - Reines Beschreiben der Daten (*deskriptive Statistik*) 4
   - Hypothesen finden: explorative Verfahren, die keine Irrtumswahrscheinlichkeiten liefern 16
   - Stichproben auf signifikante Unterschiede testen 3
   - Beziehung zwischen Variablen beschreiben, Trend vorhersagen, Einfluß bestimmter Größen auf abhängige Variable(n) untersuchen 110
3. Wieviele Stichproben liegen vor?
   - Eine 22
   - Zwei 39
   - Mehr als zwei 76
4. Welcher Datentyp liegt vor?
   - Nominaldaten 5
   - Ordinaldaten 6
   - Intervalldaten 9
5. **Modalwert (Mode, Dichtemittel)**
   Zur Beschreibung der zentralen Tendenz/Lage
   → Kapitel IV, A
6. Was soll beschrieben werden?
   - Zentrale Tendenz/Lage 7
   - Streuung/Variabilität 8
7. **Median**
   → Kapitel IV, A
8. **Interquartilabstand**
   → Kapitel IV, A
9. Was soll beschrieben werden?
   - Zentrale Tendenz/Lage 10
   - Streuung/Variabilität 12
   - Symmetrie/Schiefe der Verteilung 13
   - Wölbung der Verteilung 14

10. Ist die Verteilung mehrgipflig oder asymmetrisch?
   - Ja 7
   - Nein 11

11. **Mittelwert**
   → Kapitel IV, A

12. **Varianz, Standardabweichung**
   → Kapitel IV, A

13. **Skewness (Schiefe)**
   → Kapitel IV, A

14. **Kurtosis (Wölbung, Exzeß)**
   → Kapitel IV, A

15. Spezielle Verfahren der Kreisstatistik, z.B. **Rayleigh Test**
   Testet, ob Daten wie Richtungen in Grad oder Uhrzeiten zufällig verteilt sind und ermöglicht die Berechnung eines Mittelwertes

16. In welche Richtung soll gesucht werden?
   - Suche nach zusammenfassenden Ursachenkomplexen, die einen möglichst hohen Anteil der gemessenen Varianz erklären 17
   - Einteilung ähnlicher Daten in nicht vorgegebene Gruppen 20
   - Erstellung von „Karten", die die Beziehung verschiedener Objekte zueinander graphisch widerspiegeln 21

17. Soll die gesamte Varianz durch die zu suchenden Ursachenkomplexe erklärt werden?
   - Ja 18
   - Nein 19

18. **Hauptkomponentenanalyse**: parametrisches Verfahren
   Analysiert lineare Beziehungen zwischen untereinander abhängigen Merkmalen durch Rückführung dieser Erscheinungen auf gemeinsame Ursachenkomplexe=Komponenten. Dabei werden die Variablen durch möglichst wenige (die genaue Anzahl kann mehr oder weniger frei gewählt werden) unkorrelierte Komponenten möglichst gut dargestellt. Je höher der Anteil der Gesamtvarianz ist, der durch eine Komponente erklärt wird, desto wichtiger ist diese Komponente. Die Hauptkomponenten erklären zusammen den Großteil der Gesamtvarianz. Falls die Ausgangsvariablen nicht korreliert sind, entspricht die Anzahl der Hauptkomponenten der Anzahl der untersuchten Variablen. Die Bedeutung der Komponenten muß dann anschließend interpretiert werden. Es sollten mindesten drei- bis fünfmal so viele Objekte wie Variablen untersucht werden. Die Daten müssen Intervallskalenniveau haben und dürfen keine Ausreißer beinhalten.

19. **Faktorenanalyse**: parametrisches Verfahren
Analysiert lineare Beziehungen zwischen untereinander abhängigen Merkmalen durch Rückführung dieser Erscheinungen auf gemeinsame Ursachenkomplexe=Faktoren. Dabei werden die Variablen durch möglichst wenige (die genaue Anzahl kann mehr oder weniger frei gewählt werden) unkorrelierte Faktoren möglichst gut dargestellt. Die Bedeutung der Faktoren muß dann anschließend interpretiert werden. Dazu wird noch das Koordinatenkreuz ein Stück rotiert, um eine möglichst einfache Beschreibung der Datenstruktur zu erreichen. Dadurch lassen sich die Faktoren dann allerdings auch nicht mehr unmittelbar den Meßgrößen zuordnen. Man unterscheidet zwischen der R-Technik, bei der die Beziehungen zwischen den Variablen studiert werden, und der Q-Technik, bei der die Beziehungen zwischen den Untersuchungsobjekten interessieren. Je höher der Anteil der Gesamtvarianz ist, der durch einen Faktor erklärt wird, desto wichtiger ist dieser Faktor. Im Gegensatz zur Hauptkomponentenanalyse wird bei der Faktorenanalyse berücksichtigt, daß ein bestimmter Anteil der Varianz möglicherweise der gemessenen Variable zuzurechnen ist (spezifische Varianz) und nicht durch die Faktoren bedingt ist, und daß ein anderer Teil der Varianz vielleicht auf Meßfehler zurückgeführt werden kann (Fehlervarianz). Es sollten mindesten drei- bis fünfmal so viele Objekte wie Variablen untersucht werden. Die Daten müssen Intervallskalenniveau haben und dürfen keine Ausreißer beinhalten. Da es ähnlich wie bei der Clusteranalyse viele verschiedene Vorgehensweisen ohne feste Anwendungsregeln gibt, die zu unterschiedlichen Ergebnissen führen können, ist die Faktorenanalyse mit Vorsicht zu genießen.

20. **Clusteranalyse**
Dient der Einteilung von Objekten in unbekannte Gruppen gemäß ihrer Ähnlichkeit. Die Objekte innerhalb einer Gruppe sollen möglichst homogen, die Gruppen untereinander aber möglichst heterogen sein. Ähnlich wie bei der Multidimensionalen Skalierung muß die Matrix mit den Ausgangsdaten (dichotome Nominal-, Ordinal- oder Intervalldaten) erst in eine Distanz- oder Ähnlichkeitsmatrix umgerechnet werden. Je nach gewähltem Algorithmus können für denselben Datensatz allerdings sehr unterschiedliche Resultate erzielt werden, was die Anwendung der Clusteranalyse nicht gerade vereinfacht. Spezielle Regeln, welcher Algorithmus im Einzelfall angewendet werden soll, existieren nicht! Die Ergebnisse werden im Normalfall graphisch dargestellt. Meist in einem Dendrogramm, in dem die Objekte nach ihrer Ähnlichkeit gruppiert werden. Konstante Merkmale, die bei allen Objekten dieselbe Ausprägung haben und untereinander (stark) korrelierte Variablen sollten von der Analyse ausgeschlossen werden.

21. **Multidimensionale Skalierung**
Versucht gemessene Ähnlichkeiten zwischen Objekten in einem möglichst gering dimensionierten Raum abzubilden. Je ähnlicher zwei Objekte sind, desto näher liegen sie zusammen. Die Bedeutung der Dimensionen muß dann interpretiert werden. Bei bis zu drei Dimensionen ist eine grafische Darstellung der Ergebnisse möglich. Die Ausgangsdaten, die mindestens Ordinaldatenniveau haben müssen, beschreiben die

Ähnlichkeit zwischen allen möglichen Paaren der untersuchten Objekte. Aus dieser Matrix mit Ähnlichkeitsdaten wird dann die Distanz zwischen den Objekten mittels so wohlklingender Verfahren wie der Euklidischen, der City-Block- oder der Minowski-Metrik berechnet.

22. Welcher Datentyp liegt vor?

– Nominaldaten 23
– Ordinaldaten 29
– Intervalldaten 35

23. Was soll getestet werden?

– Abweichung von einer erwarteten Häufigkeitsverteilung 24
– Abweichung von einer Verteilung 27
– Zufälligkeit der Stichprobe 28

24. Wieviele Kategorien treten auf?

– Zwei 25
– Mehr als zwei 26

25. **Binomialtest**
→ Kapitel IV, B

26. **Polynomialtest (Tate-Clelland-Test)**
Untersucht, ob Nominaldaten, bei denen sich drei oder mehr Kategorien unterscheiden lassen, von einer erwarteten Häufigkeitsverteilung abweichen. Getestet werden stets zweiseitige Fragestellungen. Nützlich ist dieser Test vor allem bei sehr kleinen Stichproben, bei denen der Chi-Quadrat-Anpassungstest (→ Kapitel IV, D) nicht angewendet werden darf.

27. **Chi-Quadrat-Anpassungstest**
→ Kapitel IV, D
G-Test als Anpassungstest
→ Kapitel IV, E

28. **Sequenzanalyse für eine Stichprobe (Runs-Test)**
Prüft, ob eine Stichprobe nach dem Zufallsprinzip gezogen worden ist. Dazu wird die Anzahl der Sequenzen (Aufeinanderfolgen identischer Daten) untersucht. Je nachdem, ob man an der zufälligen Abfolge einer, zweier oder mehrerer Merkmalsalternativen interessiert ist, unterscheiden sich die Vorgehensweisen.

29. Was soll getestet werden?

– Abweichung von einem Erwartungswert 30
– Abweichung von einer Verteilung 31
– Zufälligkeit der Stichprobe 32

30. **Wilcoxon-Test als Einstichprobentest**
Vergleicht eine Stichprobe mit einem Erwartungswert. Im Gegensatz zum Binomialtest berücksichtigt er neben der Richtung auch die Größe der Abweichung. Vorgegangen wird wie beim Wilcoxon-Test für zwei abhängige Stichproben (→ Kapitel IV, I), wobei die Daten der zweiten Stichprobe durch den Erwartungswert ersetzt werden.

31. **Kolmogorov-Smirnov-Anpassungstest**
→ Kapitel IV, C

32. Wird ein Trend in der Stichprobe vermutet?
- Ja 33
- Nein 34

33. **Cox-Stuart-Test (S_1-Test)**
Untersucht, ob in einer Stichprobe ein monotoner Trend feststellbar ist. Daneben gibt es eine ganze Reihe weiterer Tests, mit denen sich auch nicht-monotone Trends nachweisen lassen.

34. **Auto-Rangkorrelation**
Von Autokorrelation (Korrelation einer Datenreihe mit sich selbst) spricht man, wenn zeitlich nacheinander gesammelte Daten voneinander abhängig sind. Will man feststellen, ob ein Zusammenhang zwischen unmittelbar aufeinander folgenden Messungen besteht, so bildet man aus der Ausgangsstichprobe zwei Stichproben, indem einmal der erste und einmal der letzte Wert weggestrichen wird. Sodann prüft man mittels des Spearman Rang-Korrelationskoeffizienten (→ Kapitel IV, T), ob ein Zusammenhang zwischen diesen beiden Stichproben besteht. Das Ergebnis wird als Autokorrelation 1. Ordnung bezeichnet. Entsprechend beschreiben Autokorrelationen 2., 3., ... Ordnung die Abhängigkeit zwischen weiter auseinander liegenden Messungen (Korrelation mit übernächster, überübernächster, ... Messung). Die zweite Stichprobe wird jeweils durch das Wegstreichen entsprechend vieler Daten generiert.

35. Was soll getestet werden?
- Abweichung von einem Erwartungswert 36
- Abweichung von einer Verteilung 37
- Zufälligkeit der Stichprobe 38

36. **t-Test als Einstichprobentest**: parametrisches Verfahren
Prüft, ob sich der Mittelwert $\overline{x}$ einer normalverteilten Stichprobe von einem bestimmten Wert w unterscheidet. Die Prüfgröße t berechnet sich unter Einbeziehung der Stichprobengröße N und der Standardabweichung s folgendermaßen:

$$t = \frac{|\overline{x} - w|}{s} * \sqrt{N}$$

Mittels der Tabelle 7 läßt sich die zweiseitige Irrtumswahrscheinlichkeit für das Ergebnis feststellen ($FG = N - 1$).

37. **Lilliefors Test**
Testet eine Stichprobe auf Abweichung von einer Normalverteilung mit unbekanntem Mittelwert und Varianz oder auf Abweichung von einer Exponentialverteilung.
Shapiro-Wilk Test
Untersucht, ob eine Stichprobe von der Normalverteilung abweicht. Dieser Test ist in vielen Fällen stärker als der Chi-Quadrat-Anpassungstest oder der Lilliefors Test. Außerdem gibt es eine Vorgehensweise, bei der mehrere kleine Stichproben einem gemeinsamen Test unterworfen werden können.

38. **Test auf Autokorrelation**: parametrisches Verfahren
Von Autokorrelation (Korrelation einer Datenreihe mit sich selbst) spricht man, wenn zeitlich nacheinander gesammelte Daten voneinander abhängig sind. Will man feststellen, ob ein Zusammenhang zwischen unmittelbar aufeinander folgenden Messungen besteht, so bildet man aus der Ausgangsstichprobe zwei Stichproben, indem einmal der erste und einmal der letzte Wert weggestrichen wird. Sodann prüft man mittels des Pearsonschen Maßkorrelationskoeffizienten (→ Kapitel IV, S), ob ein Zusammenhang zwischen diesen beiden Stichproben besteht. Das Ergebnis wird als Autokorrelation 1. Ordnung bezeichnet. Entsprechend beschreiben Autokorrelationen 2., 3., ... Ordnung die Abhängigkeit zwischen weiter auseinander liegenden Messungen (Korrelation mit übernächster, überübernächster, ... Messung). Die zweite Stichprobe wird jeweils durch das Wegstreichen entsprechend vieler Daten generiert.

39. Welcher Datentyp liegt vor?
– Nominaldaten 40
– Ordinaldaten 43
– Intervalldaten 55

40. Sind die beiden Stichproben voneinander abhängig?
– Ja 41
– Nein 42

41. **McNemar's Test**
Prüft, ob zwischen zwei abhängigen Stichproben, die sich jeweils in dieselben beiden Kategorien einteilen lassen (dichotome Nominaldaten), ein Unterschied besteht. Ist die Anzahl der Individuen, die in der zweiten Stichprobe in eine andere Kategorie fallen als in der ersten, kleiner als 10, so ist der Binomialtest (→ Kapitel IV, B) zu verwenden.

42. **Chi-Quadrat-Test**
→ Kapitel IV, F
Fisher-Test
→ Kapitel IV, H
G-Test
→ Kapitel IV, G

43. Sind die beiden Stichproben voneinander abhängig?

- Ja 44
- Nein 47

44. Was soll in dem Test berücksichtigt werden?

- Richtung des Unterschiedes (positiv oder negativ) zwischen den beiden Stichproben 45
- Richtung und Größe des Unterschiedes zwischen den beiden Stichproben (Median) 46

45. **Vorzeichentest**

Prüft, ob zwischen zwei abhängigen Stichproben ein Unterschied besteht, der sich nicht quantifizieren, sondern nur durch ein Mehr (+) oder Weniger (-) beschreiben läßt. Den zu untersuchenden Daten muß dabei eine kontinuierliche Verteilung zugrundeliegen (vergleiche Kapitel IV, K).

46. **Wilcoxon-Test**

→ Kapitel IV, I

47. Welcher Kennwert der Stichproben soll auf Unterschiede getestet werden?

- Median 48
- Variabilität 53
- Verteilungsunterschiede aller Art 54

48. Lassen sich alle Beobachtungen in eine Rangreihe bringen?

- Ja 49
- Nein 52

49. Kann angenommen werden, daß die Verteilungsform beider Stichproben gleich ist?

- Ja 50
- Nein 51

50. **Mann-Whitney U-Test**

→ Kapitel IV, J

51. **Robuster Rangtest**

Untersucht, ob zwei unabhängige Stichproben denselben Median haben. Den zu untersuchenden Daten muß dabei eine kontinuierliche Verteilung zugrundeliegen (vergleiche Kapitel IV, K). Das Problem zwei Stichproben mit unterschiedlicher Variabilität zu vergleichen, bezeichnet man in der Statistik als Behrens-Fisher-Problem.

52. **Mediantest**

Prüft, ob zwei unabhängige Stichproben aus Populationen mit unterschiedlichen Medianen stammen. Die Anwendung dieses Tests ist immer dann sinnvoll, wenn man nur zwischen Beobachtungen über und unter dem Median unterscheiden kann. Dies ist zum Beispiel der Fall, wenn sich die Größe von Extremwerten nicht mehr exakt bestimmen läßt.

53. **Siegel-Tukey-Test**
Zwei unabhängige Stichproben, die aus Populationen mit demselben Median stammen, werden auf Unterschiede in ihrer Variabilität geprüft. Da der Test nicht angewendet werden darf, wenn sich die beiden Stichproben in ihrer zentralen Tendenz/Lage unterscheiden, sollte man zuerst auf Unterschiede im Median testen (Problematik des Fehlers 2. Art ist zu beachten).

54. **Kolmogorov-Smirnov-Test für zwei Stichproben**
→ Kapitel IV, K
Cramér-von Mises Test
Untersucht, ob zwei unabhängige Stichproben sich in irgendwelchen Kennwerten (Lage, Streuung, Skewness, Kurtosis) unterscheiden. Die Testdaten müssen aus einer kontinuierlichen Verteilung stammen (vergleiche Kapitel IV, K). Im Gegensatz zum Kolmogorov-Smirnov-Test für zwei Stichproben eignet sich der Cramér-von Mises Test nur zur Untersuchung zweiseitiger Fragestellungen. Außerdem ist der Rechenaufwand relativ hoch.
Wald-Wolfowitz-Test
Prüft, ob zwei unabhängige Stichproben sich in irgendwelchen Kennwerten (Lage, Streuung, Skewness, Kurtosis) unterscheiden. Falls Verbundwerte vorkommen, treten jedoch Schwierigkeiten auf. Im allgemeinen ist die Teststärke geringer als beim Kolmogorov-Smirnov-Test für zwei Stichproben.

55. Woraus bestehen die Stichproben?
- Mittelwerte von verschiedenen Variablen 56
- Einzeldaten 57

56. **Hotellings T^2-Test**: parametrisches Verfahren
An zwei verschiedenen Gruppen von Individuen wurden mehrere Variablen gemessen. Der T^2-Test prüft nun, ob zwischen den beiden Gruppen ein Unterschied besteht, wenn man die Mittelwerte all dieser Variablen gleichzeitig betrachtet.

57. Welcher Kennwert der Stichproben soll getestet werden?
- Mittelwert 58
- Varianz 71

58. Sind die beiden Stichproben voneinander abhängig?
- Ja 59
- Nein 64

59. Sind die Daten normalverteilt?
- Ja 60
- Nein 63

60. Besteht jede Stichprobe aus über 30 Daten?

– Ja 61
– Nein 62

61. **z-Test für gepaarte Stichproben**: parametrisches Verfahren
Prüft, ob sich die Mittelwerte von zwei abhängigen Stichproben unterscheiden.

62. **t-Test für gepaarte Stichproben**: parametrisches Verfahren
→ Kapitel IV, L

63. **Randomisierungstest für abhängige Stichproben**
Untersucht, ob die Daten von zwei abhängigen Stichproben aus derselben Population stammen. Je nach getestetem Kennwert (Mittelwert oder Streuung) gibt es verschiedene Varianten. Der Rechenaufwand für den exakten Test steigt jedoch jeweils zusammen mit der Stichprobengröße.

64. Sind die Daten normalverteilt?

– Ja 65
– Nein 70

65. Haben beide Stichproben ungefähr dieselben Varianzen?

– Ja 66
– Varianzen unbekannt, möglicherweise ungleich 69

66. Besteht jede Stichprobe aus über 30 Daten?

– Ja 67
– Nein 68

67. **z-Test**: parametrisches Verfahren
Prüft, ob sich die Mittelwerte von zwei unabhängigen Stichproben unterscheiden.

68. **t-Test**: parametrisches Verfahren
→ Kapitel IV, M

69. **Welch-Test**: parametrisches Verfahren
Prüft, ob zwei unabhängige Stichproben mit unbekannten Varianzen sich in ihren Mittelwerten unterscheiden.

70. **Randomisierungstest für unabhängige Stichproben**
Untersucht, ob die Daten von zwei unabhängigen Stichproben aus derselben Population stammmen. Je nach getestetem Kennwert (Mittelwert, Streuung oder Verteilungsunterschiede aller Art) gibt es verschiedene Varianten. Der Rechenaufwand für den exakten Test steigt jedoch jeweils zusammen mit der Stichprobengröße.

71. Sind die Daten normalverteilt?

– Ja 72
– Nein 73

72. **F-Test**: parametrisches Verfahren
→ Kapitel IV, N

73. Sind die Mediane der Grundgesamtheiten bekannt?
– Ja 74
– Nein 75

74. **Rangquadrat-Test**
Prüft, ob zwei unabhängige Stichproben dieselbe Varianz haben oder eine Gruppe homogener ist als die andere. Liegen normalverteilte Grundgesamtheiten vor, ist die Teststärke jedoch gering.

75. **Rangartiger Moses-Test**
Prüft, ob zwei unabhängige Stichproben dieselbe Varianz haben oder eine Gruppe homogener ist als die andere.

76. Welcher Datentyp liegt vor?
– Nominaldaten 77
– Ordinaldaten 82
– Intervalldaten 93

77. Sollen die einzelnen Stichproben zu neuen Variablen zusammengefaßt werden?
– Ja 78
– Nein 79

78. **Diskriminanzanalyse**: normalerweise parametrisches Verfahren
Im Gegensatz zur Clusteranalyse, die Gruppen bildet, werden bei der Diskriminanzanalyse vorgegebene Gruppen untersucht. Aus den vorhandenen Stichproben werden mittels der sogenannten Diskriminanzfunktionen neue Variablen berechnet, die (normalerweise) mehrere Ausgangsvariablen umfassen. Dabei wird versucht, diese Zusammenfassung möglichst so zu gestalten, daß eine möglichst gute Trennung zwischen den untersuchten Gruppen erfolgt. Anschließend können weitere Elemente mit einer gewissen Wahrscheinlichkeit den bereits vorhandenen Gruppen zugeordnet werden.

79. Sind die Stichproben voneinander abhängig?
– Ja 80
– Nein 81

80. **Cochran's Q-Test**
Prüft, ob zwischen mehreren abhängigen Stichproben, die sich jeweils in dieselben beiden Kategorien einteilen lassen (dichotome Nominaldaten), ein Unterschied besteht. Es handelt sich um eine Extension des McNemar's Tests auf mehr als zwei Stichproben.

81. **Chi-Quadrat-Test**
→ Kapitel IV, F
G-Test
→ Kapitel IV, G

82. Sind die Stichproben voneinander abhängig?
– Ja 83
– Nein 86

83. Lassen sich die Stichproben in eine logische Beziehung zueinander setzen?
– Ja 84
– Nein 85

84. **Page Test (L-Test)**
Prüft, ob in einer geordneten Reihe von mehreren abhängigen Stichproben die Populationsmediane ansteigen (stets einseitige Fragestellung). Der Test ist (sofern er sich auf die gesammelten Daten anwenden läßt) stärker als der Friedman Test (→ Kapitel IV, Q).

85. **Friedman-Test (Zweifaktorielle Rangvarianzanalyse)**
→ Kapitel IV, Q

86. Lassen sich die Stichproben in eine logische Beziehung zueinander setzen?
– Ja 87
– Nein 88

87. **Jonckheere Test**
Prüft, ob in einer geordneten Reihe von mehreren unabhängigen Stichproben die Populationsmediane ansteigen (stets einseitige Fragestellung). Der Test ist (sofern er sich auf die gesammelten Daten anwenden läßt) stärker als der Kruskal-Wallis-Test (→ Kapitel IV, R).

88. Welcher Kennwert der Stichproben soll getestet werden?
– Median 89
– Verteilungsunterschiede aller Art 90

89. **Kruskal-Wallis-Test (H-Test, Einfaktorielle Rangvarianzanalyse)**
→ Kapitel IV, R
Extension des Mediantests
Untersucht, ob von mehreren unabhängigen Stichproben mindestens eine aus einer Population mit einem anderen Median stammt. Die Anwendung dieses Tests ist immer dann sinnvoll, wenn man nur zwischen Beobachtungen über und unter dem Median unterscheiden kann. Dies ist zum Beispiel der Fall, wenn sich die Größe von Extremwerten nicht mehr exakt bestimmen läßt. Da es sich bei dem Test eigentlich um einen verkappten Chi-Quadrat-Test handelt, sind dessen Einschränkungen (→ Kapitel IV, F) zu beachten. Allgemein schöpft jedoch der Kruskal-Wallis-Test die in den Daten enthaltene Information besser aus.

90. Wieviele gleich große Stichproben liegen vor?
   - Drei 91
   - Mehr als drei 92

91. **Birnbaum-Hall Test**
Prüft drei gleich große unabhängige Stichproben auf Verteilungsunterschiede aller Art. Die Daten für diesen zweiseitigen Test müssen aus einer kontinuierlichen Verteilung stammen (vergleiche Kapitel IV, K).

92. **Extension des Kolmogorov-Smirnov-Tests**
Prüft mehrere gleich große unabhängige Stichproben auf Verteilungsunterschiede aller Art. Die Daten für diesen ein- oder zweiseitigen Test müssen aus einer kontinuierlichen Verteilung stammen (vergleiche Kapitel IV, K).

93. Welcher Kennwert der Stichproben soll getestet werden?
   - Mittelwert 94
   - Varianz 103

94. Haben alle Stichproben denselben Umfang?
   - Ja 95
   - Nein 98

95. Sind die Daten normalverteilt?
   - Ja 96
   - Nein 97

96. **Student-Newman-Keuls-Test**: parametrisches Verfahren
Untersucht, welche von mehreren gleich großen Stichproben sich in ihrem Mittelwert unterscheiden. Der Test wird normalerweise durchgeführt, nachdem eine Varianzanalyse einen Mittelwertunterschied nachgewiesen hat.
Tukey-Test: parametrisches Verfahren
Untersucht, welche von mehreren gleich großen Stichproben (oder Kombinationen aus diesen) sich in ihrem Mittelwert unterscheiden. Der Test wird normalerweise durchgeführt, nachdem eine Varianzanalyse einen Mittelwertunterschied nachgewiesen hat.

97. **Randomisierungs-Varianzanalyse (Pitman-Test)**
Prüft, ob von mehreren unabhängigen Stichproben mindestens eine aus einer Population mit einem anderen Mittelwert stammt. Da der Rechenaufwand schon bei drei Stichproben relativ groß ist, empfiehlt sich die Anwendung eigentlich nur, wenn ein geeignetes Computerprogramm vorliegt.

98. Wie lautet die Fragestellung?
   - Hat mindestens eine Stichprobe einen anderen Mittelwert? 99
   - Welche Stichproben unterscheiden sich in ihrem Mittelwert? 102

99. Sollen Kovariate berücksichtigt werden?
 – Ja 100
 – Nein 101

100. **Einfaktorielle Kovarianzanalyse (One-way ANCOVA)**: parametrisches Verfahren
 Prüft, ob von mehreren Stichproben mindestens eine aus einer Population mit einem anderen Mittelwert stammt, indem die Varianzen innerhalb und zwischen den Stichproben verglichen werden. Der Einfluß weiterer unabhängiger Variablen (Kovariate), die bekanntermaßen Auswirkungen auf die abhängige Variable haben, wird während der Analyse zur Verminderung der Streuung mit berücksichtigt. Falls dieselben Individuen/Objekte wiederholt gemessen wurden (abhängige Stichproben), basiert die Analyse auf einem etwas anderen mathematischen Modell als im Normalfall ohne Meßwiederholungen. Die Stichproben müssen aber stets voneinander unabhängig sein und die gleiche Varianz besitzen (Varianzhomogenität). Dies kann beispielsweise mit dem F_{max}-Test (→ Kapitel IV, P), dem Bartlett-Test oder der Extension des Rangquadrat-Tests überprüft werden. Die Kovariaten sollten weder untereinander noch mit der unabhängigen Variable korreliert sein.

101. **Einfaktorielle Varianzanalyse (One-way ANOVA)**: parametrisches Verfahren
 → Kapitel IV, O

102. **Scheffé-Test**: parametrisches Verfahren
 Untersucht, welche von mehreren Stichproben (oder Kombinationen aus diesen) sich in ihrem Mittelwert unterscheiden. Der Test liefert auch dann noch befriedigende Ergebnisse, wenn die Daten etwas von der Normalverteilung abweichen. Zudem ist er konservativ; das heißt, Mittelwertsunterschiede werden erst bei relativ großen Differenzen als gesichert angesehen. Der Test wird normalerweise durchgeführt, nachdem eine Varianzanalyse einen Mittelwertunterschied nachgewiesen hat.

103. Sind die Daten normalverteilt?
 – Ja 104
 – Nein 107

104. Haben alle Stichproben denselben Umfang?
 – Ja 105
 – Nicht unbedingt 106

105. **F_{max}-Test**: parametrisches Verfahren
 → Kapitel IV, P

106. **Bartlett-Test**: parametrisches Verfahren
 Untersucht, ob sich von mehreren unabhängigen Stichproben mindestens eine in ihrer Varianz von den übrigen unterscheidet. Der Test reagiert empfindlich auf nicht normalverteilte Daten. Zwar ist der Rechenaufwand größer als beim F_{max}-Test (→ Kapitel IV, P), dafür ist der Bartlett-Test aber weniger konservativ.

107. Besteht jede Stichprobe aus mindestens zehn Beobachtungen?

- Ja 108
- Nicht unbedingt 109

108. **Levene's Test**

Prüft, ob von mehreren unabhängigen Stichproben mindestens eine eine andere Varianz hat als die übrigen.

109. **Extension des Rangquadrat-Tests**

Prüft, ob von mehreren unabhängigen Stichproben mindestens eine eine andere Varianz hat als die übrigen.

110. Welcher Datentyp liegt (bei der abhängigen Variable) vor?

- Nominaldaten 111
- Ordinaldaten 116
- Intervalldaten 120

111. Wieviele unabhängige Variablen liegen vor?

- Zwei 112
- Mehr als zwei 115

112. Wie liegen die Daten vor?

- In einer Vierfeldertafel 113
- In einer $r * k$-Feldertafel 114

113. **Phi Koeffizient**

Untersucht den Zusammenhang zwischen zwei Variablen, bei denen sich jeweils nur zwei Kategorien unterscheiden lassen (dichotome Nominaldaten). Der Koeffizient nimmt seinen Minimalwert 0 an, falls die Variablen unabhängig sind. Der Maximalwert von +1 kann jedoch nur erreicht werden, wenn zwei diagonal gegenüberliegende Felder der Vierfeldertafel gleiche Werte aufweisen. Da es sich beim Phi Koeffizienten um einen verkappten Chi-Quadrat-Test handelt, sind dessen Einschränkungen (→ Kapitel IV, F) zu beachten.

114. **Cramér Koeffizient**

Untersucht die Stärke des Zusammenhanges zwischen zwei Variablen auf Nominaldatenniveau. Der Koeffizient nimmt seinen Minimalwert 0 an, falls die Variablen unabhängig sind. Der Maximalwert beträgt +1, kennzeichnet jedoch nur in quadratischen Mehrfeldertafeln (mit $r = k$) wirklich perfekte Übereinstimmung. Da es sich beim Cramér Koeffizienten um einen verkappten Chi-Quadrat-Test handelt, sind dessen Einschränkungen (→ Kapitel IV, F) zu beachten.

115. **Log-Linear-Analyse**

Untersucht die Beziehung zwischen mehreren Variablen unter Berücksichtigung aller möglichen Wechselwirkungen zwischen ihnen. Mit der Anzahl der Variablen steigt jedoch die Anzahl der potentiellen Wechselwirkungen, was später oft zu Interpretationsschwierigkeiten führt. Außerdem müssen für alle definierten Zustände genügend Daten vorhanden sein. Mit anderen Worten, je mehr Variablen und Zustände untersucht werden sollen, desto größer muß die Stichprobe sein. Im Verlauf der Analyse wird ein möglichst einfaches Modell (aus den Linearkombinationen der logarithmierten Erwartungswerte) aufgestellt, mit dem sich die Häufigkeiten der einzelnen Zustände jeder Variable vorhersagen lassen. Außerdem kann damit der Einfluß, den die verschiedenen Variablen und ihre Kombinationen auf einen bestimmten Zustand haben, genau festgestellt werden.

116. Wieviele Variablen liegen vor?

- Zwei 117
- Drei (die dritte soll konstant gehalten werden) 118
- Drei oder mehr 119

117. **Spearman Rang-Korrelationskoeffizient**

→ Kapitel IV, T

Kendall Rang-Korrelationskoeffizient

Untersucht den Zusammenhang zwischen zwei Variablen, die mindestens Ordinalniveau haben. Die Teststärke und die ermittelte Irrtumswahrscheinlichkeit sind dieselben wie beim Spearman Rang-Korrelationskoeffizienten. Der Kendall Rang-Korrelationskoeffizient ist zwar etwas aufwendiger zu berechnen, läßt sich jedoch zu einem partiellen Korrelationskoeffizienten verallgemeinern (siehe unten). Der Koeffizient kann Werte von -1 bis +1 annehmen und setzt voraus, daß den Daten eine kontinuierliche Verteilung zugrundeliegt (vergleiche Kapitel IV, K).

118. **Partieller Rang-Korrelationskoeffizient nach Kendall**

Untersucht den Zusammenhang zwischen zwei Variablen, die mindestens Ordinalniveau haben. Gleichzeitig wird der Einfluß, den eine dritte Variable auf diese Beziehung hat, eliminiert, indem sie konstant gehalten wird. Dies kann erforderlich sein, wenn solch eine Einflußvariable sich nicht experimentell ausschalten läßt. Der Koeffizient kann Werte von -1 bis +1 annehmen und setzt voraus, daß den Daten eine kontinuierliche Verteilung zugrundeliegt (vergleiche Kapitel IV, K).

119. **Kendall Konkordanz-Koeffizient**

Untersucht den Zusammenhang zwischen mehreren Variablen, die mindestens Ordinalniveau haben. Der Konkordanz-Koeffizient kann nur Werte von 0 bis +1 annehmen, da zwischen mehr als zwei Variablen immer irgendeine Übereinstimmung besteht.

120. Was soll analysiert werden?

- Zusammenhang zwischen unmittelbar gemessenen Variablen 121
- Beziehungen zwischen nicht direkt meßbaren Merkmalen (latente Variablen) 137

121. Was für ein Datentyp liegt bei der unabhängigen Variable vor?
- Nominaldaten 122
- Intervalldaten 138

122. Der Einfluß auf wieviele Merkmale (abhängige Variablen) soll getestet werden?
- Eins 123
- Mehr als eins 130

123. Der Einfluß wievieler Größen (unabhängige Variablen) soll getestet werden?
- Eine 124
- Mehr als eine 127

124. Sollen Kovariate berücksichtigt werden?
- Ja 125
- Nein 126

125. **Einfaktorielle Kovarianzanalyse (One-way ANCOVA)**: parametrisches Verfahren
Untersucht, ob eine unabhängige Variable einen statistisch gesicherten Einfluß auf ein Merkmal (abhängige Variable) hat. Dabei wird festgestellt, welcher Anteil der Gesamtvarianz in den Stichproben auf den Einfluß der unabhängigen Variable zurückgeführt werden kann und welcher Anteil zufällige Variation (Versuchsfehler) darstellt. Der Einfluß weiterer unabhängiger Variablen (Kovariate), die bekanntermaßen Auswirkungen auf die abhängige Variable haben, wird während der Analyse zur Verminderung der Streuung mit berücksichtigt. Falls dieselben Individuen/Objekte wiederholt gemessen wurden (abhängige Stichproben), basiert die Analyse auf einem etwas anderen mathematischen Modell als im Normalfall ohne Meßwiederholungen. Die Stichproben müssen aber stets voneinander unabhängig sein und die gleiche Varianz besitzen (Varianzhomogenität). Dies kann beispielsweise mit dem F_{max}-Test (→ Kapitel IV, P), dem Bartlett- Test oder der Extension des Rangquadrat-Tests überprüft werden. Die Kovariaten sollten weder untereinander noch mit der unabhängigen Variable korreliert sein.

126. **Einfaktorielle Varianzanalyse (One-way ANOVA)**: parametrisches Verfahren
→ Kapitel IV, O

127. Sollen Kovariate berücksichtigt werden?
- Ja 128
- Nein 129

128. **Mehrfaktorielle Kovarianzanalyse (Factorial ANCOVA)**: parametrisches Verfahren

Untersucht, ob mehrere unabhängige Variablen einzeln oder in beliebigen Kombinationen einen statistisch gesicherten Einfluß auf ein Merkmal (abhängige Variable) haben. Dabei wird festgestellt, welcher Anteil der Gesamtvarianz in den Stichproben auf den Einfluß jeder einzelnen unabhängigen Variable und aller möglichen Kombinationen zwischen diesen zurückgeführt werden kann und welcher Anteil zufällige Variation (Versuchsfehler) darstellt. Der Einfluß weiterer unabhängiger Variablen (Kovariate), die bekanntermaßen Auswirkungen auf die abhängige Variable haben, wird während der Analyse zur Verminderung der Streuung mit berücksichtigt. Falls dieselben Individuen/Objekte wiederholt gemessen wurden (abhängige Stichproben), basiert die Analyse auf einem etwas anderen mathematischen Modell als im Normalfall ohne Meßwiederholungen. Aber stets müssen alle durch eine Faktorstufe gekennzeichneten Grundgesamtheiten der abhängigen Variable normalverteilt und voneinander unabhängig sein, sowie dieselbe Varianz besitzen (Varianzhomogenität). Letzteres kann beispielsweise mit dem F_{max}-Test (→ Kapitel IV, P), dem Bartlett-Test oder der Extension des Rangquadrat-Tests überprüft werden. Die Kovariaten sollten weder untereinander noch mit den unabhängigen Variablen korreliert sein. Außerdem dürfen auch die unabhängigen Variablen untereinander nicht korreliert sein. Je mehr Faktoren und Kovariate bei der Analyse berücksichtigt werden, desto schwieriger ist im Normalfall die Interpretation der Ergebnisse.

129. **Mehrfaktorielle Varianzanalyse (Factorial ANOVA)**: parametrisches Verfahren
Untersucht, ob mehrere unabhängige Variablen einzeln oder in beliebigen Kombinationen einen statistisch gesicherten Einfluß auf ein Merkmal (abhängige Variable) haben. Dabei wird festgestellt, welcher Anteil der Gesamtvarianz in den Stichproben auf den Einfluß jeder einzelnen unabhängigen Variable und aller möglichen Kombinationen zwischen diesen zurückgeführt werden kann und welcher Anteil zufällige Variation (Versuchsfehler) darstellt. Falls dieselben Individuen/Objekte wiederholt gemessen wurden (abhängige Stichproben), basiert die Analyse auf einem etwas anderen mathematischen Modell als im Normalfall ohne Meßwiederholungen. Aber stets müssen alle durch eine Faktorstufe gekennzeichneten Grundgesamtheiten der abhängigen Variable normalverteilt und voneinander unabhängig sein, sowie dieselbe Varianz besitzen (Varianzhomogenität). Letzteres kann beispielsweise mit dem F_{max}-Test (→ Kapitel IV, P), dem Bartlett-Test oder der Extension des Rangquadrat-Tests überprüft werden. Außerdem dürfen die Stichproben keine Ausreißer enthalten. Insgesamt ist die Varianzanalyse bei großen Stichproben aber relativ robust gegen eine Verletzung ihrer Voraussetzungen; das heißt, sie führt auch dann noch zu hinreichend richtigen Ergebnissen, wenn die Voraussetzungen nicht hundertprozentig erfüllt sind. Je mehr Faktoren bei der Analyse berücksichtigt werden, desto schwieriger ist im Normalfall die Interpretation der Ergebnisse. Sind die Abstufungen der unabhängigen Variablen (die sogenannten Faktorstufen) vom Forscher festgelegt, spricht man von einem Modell mit festen Effekten (Modell I). Seltener wird ein Modell mit zufälligen Effekten (Modell II) verwendet. Dabei werden die

Untersuchungsobjekte zufällig aus Grundgesamtheiten ausgewählt, um später generalisierte Aussagen für die gesamte Population machen zu können. Schließlich gibt es noch ein Modell mit gemischten Effekten (Modell III), das eine Mischung aus den Modellen I und II darstellt.

130. Der Einfluß wievieler Größen (unabhängige Variablen) soll getestet werden?
   - Eine 131
   - Mehr als eine 134

131. Sollen Kovariate berücksichtigt werden?
   - Ja 132
   - Nein 133

132. **Einfaktorielle mehrdimensionale Kovarianzanalyse (One-way MANCOVA)**: parametrisches Verfahren

Untersucht, ob eine unabhängige Variable einen statistisch gesicherten Einfluß auf die Linearkombination von mehreren Merkmalen (abhängige Variablen) hat. Dabei wird festgestellt, welcher Anteil der Gesamtvarianz in den Stichproben auf den Einfluß der unabhängigen Variable zurückgeführt werden kann und welcher Anteil zufällige Variation (Versuchsfehler) darstellt. Der Einfluß weiterer unabhängiger Variablen (Kovariate), die bekanntermaßen Auswirkungen auf die abhängigen Variablen haben, wird während der Analyse zur Verminderung der Streuung mit berücksichtigt. Falls dieselben Individuen/Objekte wiederholt gemessen wurden (abhängige Stichproben), basiert die Analyse auf einem etwas anderen mathematischen Modell als im Normalfall ohne Meßwiederholungen. Aber stets müssen alle durch eine Faktorstufe gekennzeichneten Grundgesamtheiten der abhängigen Variablen normalverteilt und voneinander unabhängig sein, sowie dieselbe Varianz besitzen (Varianzhomogenität). Letzteres kann beispielsweise mit dem F_{max}-Test (→ Kapitel IV, P), dem Bartlett-Test oder der Extension des Rangquadrat-Tests überprüft werden. Die Kovariaten sollten weder untereinander noch mit der unabhängigen Variable korreliert sein. Je mehr Faktoren und Kovariate bei der Analyse berücksichtigt werden, desto schwieriger ist im Normalfall die Interpretation der Ergebnisse.

133. **Einfaktorielle mehrdimensionale Varianzanalyse (One-way MANOVA)**: parametrisches Verfahren

Untersucht, ob eine unabhängige Variable einen statistisch gesicherten Einfluß auf die Linearkombination von mehreren Merkmalen (abhängige Variablen) hat. Dabei wird festgestellt, welcher Anteil der Gesamtvarianz in den Stichproben auf den Einfluß der unabhängigen Variable zurückgeführt werden kann und welcher Anteil zufällige Variation (Versuchsfehler) darstellt. Falls dieselben Individuen/Objekte wiederholt gemessen wurden (unabhängige Stichproben), basiert die Analyse auf einem etwas anderen mathematischen Modell als im Normalfall ohne Meßwiederholungen. Aber stets müssen alle durch eine Faktorstufe gekennzeichneten Grundgesamtheiten der abhängigen Variablen normalverteilt und voneinander unabhängig sein, sowie dieselbe Varianz besitzen (Varianzhomogenität). Letzteres kann beispielsweise mit dem F_{max}-Test (→ Kapitel IV, P), dem Bartlett-Test oder der Extension des Rangquadrat-Tests überprüft werden. Außerdem dürfen die Stichproben keine Ausreißer enthalten. Insgesamt ist die Varianzanalyse bei großen Stichproben aber relativ robust gegen eine Verletzung ihrer Voraussetzungen; das heißt, sie führt auch dann noch zu hinreichend richtigen Ergebnissen, wenn die Voraussetzungen nicht hundertprozentig erfüllt sind. Je mehr Faktoren bei der Analyse berücksichtigt werden, desto schwieriger ist im Normalfall die Interpretation der Ergebnisse. Sind die Abstufungen der unabhängigen Variable (die sogenannten Faktorstufen) vom Forscher festgelegt, spricht man von einem Modell mit festen Effekten (Modell I). Seltener wird ein Modell mit zufälligen Effekten (Modell II) verwendet. Dabei werden die Untersuchungsobjekte zufällig aus Grundgesamtheiten ausgewählt, um später generalisierte Aussagen für die gesamte Population machen zu können. Schließlich gibt es noch ein Modell mit gemischten Effekten (Modell III), das eine Mischung aus den Modellen I und II darstellt.

134. Sollen Kovariate berücksichtigt werden?

- Ja 135
- Nein 136

135. **Mehrfaktorielle mehrdimensionale Kovarianzanalyse (Factorial MANCOVA)**: parametrisches Verfahren

Untersucht, ob mehrere unabhängige Variablen einzeln oder in beliebigen Kombinationen einen statistisch gesicherten Einfluß auf die Linearkombination von mehreren Merkmalen (abhängige Variablen) haben. Dabei wird festgestellt, welcher Anteil der Gesamtvarianz in den Stichproben auf den Einfluß jeder einzelnen unabhängigen Variable und aller möglichen Kombinationen zwischen diesen zurückgeführt werden kann und welcher Anteil zufällige Variation (Versuchsfehler) darstellt. Der Einfluß weiterer unabhängiger Variablen (Kovariate), die bekanntermaßen Auswirkungen auf die abhängigen Variablen haben, wird während der Analyse zur Verminderung der Streuung mit berücksichtigt. Falls dieselben Individuen/Objekte wiederholt gemessen wurden (abhängige Stichproben), basiert die Analyse auf einem etwas anderen mathematischen Modell als im Normalfall ohne Meßwiederholungen. Aber stets müssen alle durch eine Faktorstufe gekennzeichneten Grundgesamtheiten der abhängigen Variablen normalverteilt und voneinander unabhängig sein, sowie dieselbe Varianz besitzen (Varianzhomogenität). Letzteres kann beispielsweise mit dem F_{max}-Test (→ Kapitel IV, P), dem Bartlett-Test oder der Extension des Rangquadrat-Tests überprüft werden. Die Kovariaten sollten weder untereinander noch mit den unabhängigen Variablen korreliert sein. Außerdem dürfen auch die unabhängigen Variablen untereinander nicht korreliert sein. Je mehr Faktoren und Kovariate bei der Analyse berücksichtigt werden, desto schwieriger ist im Normalfall die Interpretation der Ergebnisse.

136. **Mehrfaktorielle mehrdimensionale Varianzanalyse (Factorial MANOVA)**: parametrisches Verfahren
Untersucht, ob mehrere unabhängige Variablen einzeln oder in beliebigen Kombinationen einen statistisch gesicherten Einfluß auf die Linearkombination von mehreren Merkmalen (abhängige Variablen) haben. Dabei wird festgestellt, welcher Anteil der Gesamtvarianz in den Stichproben auf den Einfluß jeder einzelnen unabhängigen Variable und aller möglichen Kombinationen zwischen diesen zurückgeführt werden kann und welcher Anteil zufällige Variation (Versuchsfehler) darstellt. Falls dieselben Individuen/Objekte wiederholt gemessen wurden (abhängige Stichproben), basiert die Analyse auf einem etwas anderen mathematischen Modell als im Normalfall ohne Meßwiederholungen. Aber stets müssen alle durch eine Faktorstufe gekennzeichneten Grundgesamtheiten der abhängigen Variablen normalverteilt und voneinander unabhängig sein, sowie dieselbe Varianz besitzen (Varianzhomogenität). Letzteres kann beispielsweise mit dem F_{max}-Test (→ Kapitel IV, P), dem Bartlett-Test oder der Extension des Rangquadrat-Tests überprüft werden. Außerdem dürfen die Stichproben keine Ausreißer enthalten. Insgesamt ist die Varianzanalyse bei großen Stichproben aber relativ robust gegen eine Verletzung ihrer Voraussetzungen; das heißt, sie führt auch dann noch zu hinreichend richtigen Ergebnissen, wenn die Voraussetzungen nicht hundertprozentig erfüllt sind. Je mehr Faktoren bei der Analyse berücksichtigt werden, desto schwieriger ist im Normalfall die Interpretation der Ergebnisse. Sind die Abstufungen der unabhängigen Variablen (die sogenannten Faktorstufen) vom Forscher festgelegt, spricht man von einem Modell mit festen Effekten (Modell I). Seltener wird ein Modell mit zufälligen Effekten (Modell II) verwendet. Dabei werden die Untersuchungsobjekte zufällig aus Grundgesamtheiten ausgewählt, um später generalisierte Aussagen für die gesamte Population machen zu können. Schließlich gibt es noch ein Modell mit gemischten Effekten (Modell III), das eine Mischung aus den Modellen I und II darstellt.

137. **Kausalanalyse, LISREL (Linear Structural Relationships)-Ansatz**: normalerweise parametrisches Verfahren
Die Kausalanalyse überprüft, ob zuvor theoretisch aufgestellte Beziehungen zwischen Variablen mit empirisch gewonnenem Datenmaterial übereinstimmen; das heißt, sie untersucht kausale Zusammenhänge. Beim LISREL- Ansatz (Linear Structural Relationships) werden Beziehungen zwischen nicht direkt meßbaren (latenten) Variablen, die sich über meßbare Größen operationalisieren lassen, studiert. Die gemessenen Daten dürfen Nominalniveau haben.

138. Was soll untersucht werden?
- Beziehung zwischen zwei Variablen 139
- Beziehung zwischen mindestens einer Einflußgröße (unabhängige Variable) und der Zielgröße (abhängige Variable) 140

139. **Pearson's Maßkorrelationskoeffizient**: parametrisches Verfahren
→ Kapitel IV, S

140. **Regressionsanalyse**: parametrisches Verfahren

Dient der Analyse von Beziehungen zwischen einer abhängigen und einer (einfache Regressionsanalyse) oder mehreren (multiple Regressionsanalyse) unabhängigen Variablen. Dabei kann es um die Beschreibung eines Zusammenhanges gehen (Korrelation; vergleiche Kapitel IV, S und T) oder um die Vorhersage von Werten der abhängigen Variablen mittels der unabhängigen Variablen (Regression). Bei der Regressionsanalyse im engeren Sinn wird eine Geradengleichung berechnet, die die Beziehung zwischen den Variablen möglichst gut beschreibt. Zugleich gibt sie in Form von Regressionskoeffizienten Auskunft über die Stärke des Einflusses, den die einzelnen unabhängigen Variablen auf die abhängige haben. Die Signifikanz dieser Beziehungen drückt sich in Irrtumswahrscheinlichkeiten aus. Im einfachsten Fall wird vorausgesetzt, daß zwischen der normalverteilten abhängigen und den unabhängigen Variablen ein linearer Zusammenhang besteht. Die unabhängigen Variablen dürfen untereinander möglichst nicht korreliert sein (Problem der Multikollinearität) und die Varianz der Residuen (Differenzen zwischen Meßwerten und berechneten Werten auf der Regressionsgeraden) muß homogen sein (Homoskedastizität). Gute Computerprogramme prüfen alle diese Voraussetzungen. Daneben sollten mindestens fünfmal so viele Meßwerte vorliegen wie unabhängige Variablen vorhanden sind. Vorsicht ist bei der Interpretation der Ergebnisse einer Regressionsanalyse geboten. Ein gefundener Zusammenhang zwischen Variablen sagt noch nichts über die dahinterstehenden Ursachen aus (vergleiche Kapitel IV, S).

IV. Wie macht man das?

(Ausgewählte statistische Tests)

There is nothing more misleading than facts - except numbers.
GEORGE CANNING

In diesem Kapitel werden die wichtigsten statistischen Verfahren anhand von Beispielen genauer vorgestellt. Natürlich kann man einwenden, daß die meisten Statistikprogramme sowieso alle notwendigen Tests rechnen und meist sogar exakte Irrtumswahrscheinlichkeiten angeben können. Allerdings ist dann die Gefahr groß, daß man einen unpassenden Test wählt (manche Programme sind erstaunlich unkritisch) oder die Ergebnisse nicht richtig interpretiert. Anders als beim Autofahren ist in der Statistik die (zumindest grobe) Kenntnis der zugrundeliegenden Technik unumgänglich.

Es wird jeweils gewissermaßen die Basisversion des Verfahrens vorgestellt. Extras und Sondermodelle finden sich in einschlägigen Statistikbüchern (vergleiche Kapitel VIII). Vorausgesetzt werden grundlegende Mathematikkenntnisse, so daß beispielsweise der Betrag (Absolutwert) einer Zahl oder die Summenschreibweise nicht eigens erklärt werden. Alle vorgestellten Tests lassen sich mit der Hilfe eines einfachen Taschenrechners nachvollziehen.

GRUSELETT

Der Flügelflagel gaustert
durchs Wiruwaruwolz,
die rote Fingur plaustert,
und grausig gutzt der Golz.

Christian Morgenstern

A. Verschiedene Maßzahlen der beschreibenden Statistik

Lageparameter:

beschreiben die zentrale Tendenz/Lage der Daten; das heißt, sie geben an, wo der Schwerpunkt der Verteilung liegt.

(Arithmetischer) Mittelwert: errechnet sich aus der Summe der Einzelwerte x_i geteilt durch die Stichprobengröße N.
BEISPIEL: 2 3 5 5 9

$$Mittelwert\ \overline{x} = \left(\sum_{i=1}^{N} x_i \right) \Big/ N = (2 + 3 + 5 + 5 + 9)/5 = 4,8$$

Der Mittelwert wird bei weitgehend symmetrisch verteilten Intervalldaten angewendet. Da einzelne Ausreißer bei seiner Berechnung sehr stark ins Gewicht fallen, ist in solchen Fällen eher der Median anzugeben. Darüber hinaus gibt es noch weitere Mittelwerte (z.B. harmonischen, geometrischen), die aber hier nicht weiter wichtig sind.

Median (2. Quartil): ist der Wert, der genau in der Mitte zwischen der ersten und zweiten Hälfte der nach der Größe sortierten Daten steht. Bei einer geraden Anzahl von Werten, nimmt man den arithmetischen Mittelwert der beiden mittleren Werte.
BEISPIEL: 2 3 $\underline{5}$ 5 9

$$Median = 5$$

BEISPIEL: 2 2 $\underline{3\ 5}$ 5 9

$$Median\ = (3 + 5)/2 = 4$$

Der Median wird vor allem bei Ordinaldaten oder sehr schiefen (siehe Skewness) Verteilungen angewendet.

Modalwert (Mode, Dichtemittel): ist der häufigste Wert oder die häufigste Klasse in einer Stichprobe. Angewendet wird diese Größe vor allem bei Nominaldaten oder mehrgipfligen Verteilungen. Im zuletzt genannten Fall sollte man sinnvollerweise für jedes lokale Maximum einen eigenen Modalwert angeben. Nur bei symmetrischen Verteilungen sind Mittelwert, Median und Modalwert identisch. Ansonsten weichen sie mehr oder weniger stark voneinander ab (Abb. 3).

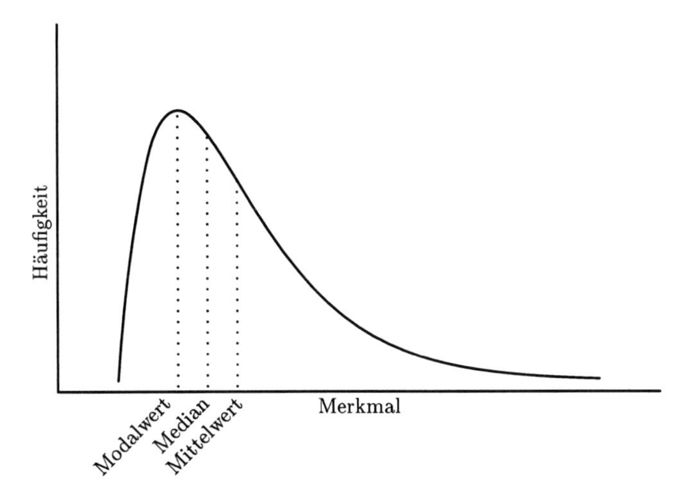

Abb. 3: Unsymmetrische Verteilung mit eingezeichneten Lageparametern.

Streuungsparameter:

spiegeln die Streuung (Variabilität, Dispersion) der Daten um den Schwerpunkt der Verteilung herum wider. Im Normalfall gibt man zur Beschreibung eines Datensatzes entweder den Mittelwert und die dazugehörige Standardabweichung an (nur weitgehend symmetrisch verteilte Intervalldaten!) oder den Median und das obere und untere Quartil.

Varianz: gibt die mittlere quadrierte Abweichung der Daten x_i vom Mittelwert $\overline{x}$ an.

$$Varianz\ s^2 = \frac{\sum_{i=1}^{N} (x_i - \overline{x})^2}{N-1}$$

Dabei steht N für die Stichprobengröße. Die (positive) Quadratwurzel der Varianz bezeichnet man als **Standardabweichung**.

$$Standardabweichung\ s = \sqrt{s^2}$$

Je kleiner Varianz und Standardabweichung sind, desto enger liegen die Meßwerte beim Mittelwert. Bei sehr großen normalverteilten Stichproben befinden sich definitionsgemäß 68,3% aller Daten im Bereich der einfachen Standardabweichung um den Mittelwert ($\overline{x} \pm s$). Entsprechend liegen 95,4% der Daten im Bereich $\overline{x} \pm 2s$ und 99,7% im Bereich $\overline{x} \pm 3s$.

Sowohl Varianz als auch Standardabweichung dürfen nur bei weitgehend symmetrisch verteilten Intervalldaten angegeben werden. Ist die Standardabweichung größer als der dazugehörige Mittelwert, so ist dies normalerweise ein sicherer Hinweis auf nicht symmetrisch verteilte Daten. In diesem Fall sollte man den Median und das obere und untere Quartil zur Beschreibung der Daten verwenden.

Interquartilabstand: ist die Differenz zwischen dem oberen (**3. Quartil**) und dem unteren Quartil (**1. Quartil**). Berechnet werden die Quartile wie bereits beim Median (**2. Quartil**) geschildert. Dabei liegt das untere Quartil genau in der Mitte zwischen erstem und zweiten Viertel der nach Größe sortierten Daten, das obere Quartil in der Mitte zwischen dem dritten und vierten Viertel. Bei einer ungeraden Anzahl von Werten wird der Median bei der Berechnung der übrigen Quartile weggelassen.
BEISPIEL: 1 1 $\underline{2\ 2}$ 2 3 $\underline{5}$ 5 9 $\underline{10\ 11}$ 11 14

- unteres Quartil (1. Quartil) $= (2 + 2)/2 = 2$
- Median (2. Quartil) $= 5$
- oberes Quartil (3. Quartil) $= (10 + 11)/2 = 10,5$
- Interquartilabstand $= 10,5 - 2 = 8,5$

Somit liegen 50% aller Meßwerte zwischen dem unteren und oberen Quartil. Verwendung findet der Interquartilabstand zusammen mit dem Median zur Beschreibung von Ordinaldaten, sowie von mehrgipfligen und unsymmetrischen (siehe Skewness) Verteilungen.

Weitere Parameter:

Skewness (Schiefe): beschreibt die Symmetrie beziehungsweise Schiefe einer Verteilung von Intervalldaten. Liegt bei einer grafischen Darstellung der Modalwert D links vom Mittelwert $\overline{x}$ der Verteilung, sprechen wir von einer rechtsschiefen Verteilung; im umgekehrten Fall von einer linksschiefen Verteilung (Abb. 4).

$$Skewness\ S = \frac{\overline{x} - D}{Standardabweichung}$$

Außer diesem Schiefemaß nach Pearson gibt es noch ein weiteres, bei dem statt des Modalwertes die Stichprobengröße N in die Berechnung einbezogen wird.

$$Skewness\ S = \frac{\sum (x_i - \overline{x})^3}{N * \left(\sqrt{\frac{\sum (x_i - \overline{x})^2}{N}}\right)^3}$$

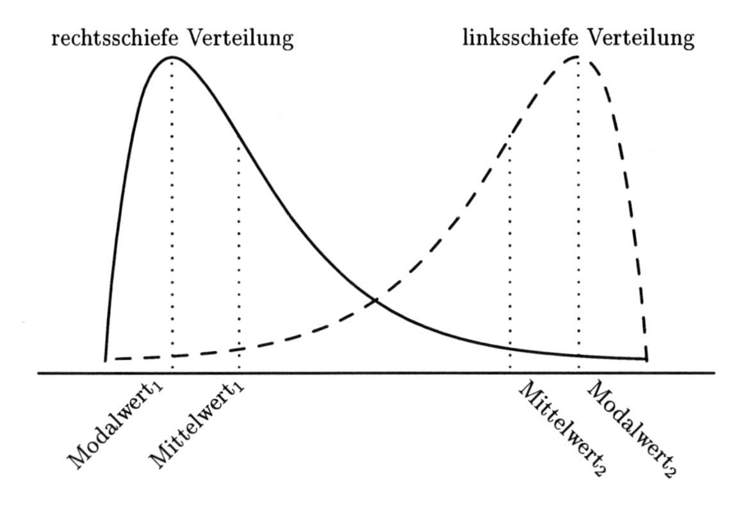

Abb. 4: Schiefe Verteilungen.

Für symmetrische Verteilungen ist jeweils $S = 0$, für rechtsschiefe ist $S > 0$ und für linksschiefe gilt $S < 0$. Es gibt auch Formeln zur Berechnung der Schiefe der Verteilung von Ordinaldaten; diese werden aber nur selten verwendet.

Kurtosis (Wölbung, Exzeß): beschreibt die Wölbung einer Verteilung von Intervalldaten. Das heißt, die Lage des Maximums relativ zu einer Normalverteilung mit gleichem Mittelwert und gleicher Varianz wird angegeben. Liegt das Maximum höher (Kurtosis > 0), ist die Verteilung mehr um den Mittelwert zentriert; liegt es niedriger (Kurtosis < 0), verläuft die Verteilung vergleichsweise flacher.

$$Kurtosis\ K = \frac{\sum (x_i - \overline{x})^4}{N * \left(\frac{\sum (x_i - \overline{x})^2}{N}\right)^2} - 3$$

Dabei steht N für die Stichprobengröße. Auch die Kurtosis von Ordinaldaten kann mittels geeigneter Formeln berechnet werden, was aber nur selten geschieht.

Wie macht man das?

B. Binomialtest

Der Binomialtest untersucht, ob Daten, bei denen sich nur zwei Kategorien unterscheiden lassen (dichotome Nominaldaten), von einer erwarteten Häufigkeitsverteilung abweichen.

BEISPIEL: Bekanntlich gibt es gleich viele grausig und garstig gutzende Golze. Bei einer stichprobenartigen Zählung fand man jedoch 8 grausig und nur 2 garstig gutzende Golze. Gibt es doch mehr grausig gutzende Golze?

H_0: Es gibt gleich viele grausig und garstig gutzende Golze, bzw. die garstig gutzenden Golze sind in der Überzahl.

H_1: Es gibt mehr grausig als garstig gutzende Golze (einseitiger Test).

Für die Stichprobengröße $N = 10$ und die Anzahl der selteneren Ereignisse $x = 2$ ergibt sich aus Tabelle 1 eine Irrtumswahrscheinlichkeit $p = 0,055$. Das heißt, bei einem Signifikanzniveau von $a = 5\%$ kann die Nullhypothese nicht verworfen werden.

Tabelle 1 darf jedoch nur verwendet werden, falls die erwarteten Häufigkeiten p und q der beiden Kategorien wie hier gleich sind ($p = q = 0,5$). Für $p \neq q$ und/oder $N > 25$ gibt es spezielle Formeln und Tabellen, die im Bedarfsfall einschlägigen Statistikbüchern entnommen werden können. Für Stichprobengrößen über $N = 25$ wird die Binomialverteilung, auf der dieser Test beruht, einer Normalverteilung immer ähnlicher. Falls aber das Produkt aus den Häufigkeiten der beiden Kategorien und der Stichprobengröße $p * q * N \leq 9$ ist, ist der Test überhaupt unzulässig.

C. Kolmogorov-Smirnov-Anpassungstest

Der Kolmogorov-Smirnov-Anpassungstest prüft, ob eine Stichprobe von einer theoretischen Verteilung abweicht.

BEISPIEL: Der Flügelflagelbestand in fünf gleichgroßen Waldstücken wurde gezählt. Die Wälder unterscheiden sich nur durch die Anzahl der Spaziergänger, die in ihnen flanieren. Die Abstufungen reichen von I=keine Spaziergänger bis zu V=regelmäßige Massenaufläufe. Haben die Menschen Auswirkungen auf den Flügelflagelbestand?

H_0: Es besteht kein Unterschied zwischen dem Flügelflagelbestand in den fünf Wäldern.

H_1: Die Flügelflagel sind nicht gleichmäßig über die fünf Wälder verteilt (zweiseitiger Test). Eine entsprechende einseitige Alternativhypothese H_1 wäre, daß in mindestens einem Wald der Bestand über (oder unter) dem theoretisch erwarteten Wert der Gleichverteilung liegt.

Das Vorgehen beim Testen zeigt die folgende Tabelle (Stichprobengröße $N = 20$):

Wald	I	II	III	IV	V
Befund (Anzahl Flügelflagel)	0	2	1	9	8
kumulative Verteilung des Befundes $B(x)$	0/20	2/20	3/20	12/20	20/20
Erwartung (Gleichverteilung)	4	4	4	4	4
kumulative Verteilung der Erwartung $E(x)$	4/20	8/20	12/20	16/20	20/20
$\|E(x) - B(x)\|$	4/20	6/20	9/20	4/20	0/20

Die Prüfgröße $D = 9/20 = 0,45$ ist der Maximalwert der letzten Zeile. Der Tabelle 2 kann entnommen werden, daß die Irrtumswahrscheinlichkeit $p < 0,01$ ist. Das heißt, die Wälder unterscheiden sich in ihrem Flügelflagelbestand signifikant (bezogen auf ein Signifikanzniveau von 5%).

Gegenüber dem *Chi-Quadrat-Anpassungstest* (→ Kapitel IV, D) hat der Kolmogorov-Smirnov-Anpassungstest den Vorteil, daß er sich auch bei sehr kleinen Stichproben und einseitigen Fragestellungen anwenden läßt.

Meist wird der Kolmogorov-Smirnov-Anpassungstest verwendet, um zu testen, ob eine Stichprobe normalverteilt ist. In diesem Fall überläßt man zweckmäßigerweise einem Statistikprogramm die Berechnung der Erwartungswerte.

D. Chi-Quadrat-Anpassungstest

Der Chi-Quadrat-Anpassungstest prüft, ob Nominaldaten signifikant von einer vorgegebenen Verteilung abweichen.

BEISPIEL: Bei der letzten Stichprobenzählung im Wiruwaruwolz wurden 16 rote, 9 gelbe und 5 grüne Finguren gefunden. Kann man davon ausgehen, daß die drei Arten gleich häufig sind, oder gibt es Unterschiede?

H_0: Rote, gelbe und grüne Finguren sind gleichhäufig.

H_1: Die Häufigkeiten, in denen die verschiedenen Fingurenarten auftreten, weichen von einer Gleichverteilung ab (zweiseitiger Test).

Berechnet wird die Prüfgröße χ^2 aus der Differenz zwischen den beobachteten *obs* und erwarteten Werten *exp* in den k Kategorien mittels der folgenden Formel:

Wie macht man das?

$$\chi^2 = \sum_{i=1}^{k} \frac{(obs - exp)^2}{exp}$$

Je größer die Differenz zwischen beobachteten und erwarteten Werten ist, desto größer wird χ^2, und umso wahrscheinlicher kann die Nullhypothese verworfen werden.

Da die beobachteten Werte im Beispiel auf Gleichverteilung getestet werden sollen, betragen alle Erwartungswerte $exp = N/k = (16 + 9 + 5)/3 = 10$.

$$\chi^2 = \frac{(16 - 10)^2}{10} + \frac{(9 - 10)^2}{10} + \frac{(5 - 10)^2}{10} = 6,2$$

Unter Berücksichtigung der Freiheitsgrade $FG = k - 1 = 2$ läßt sich mittels Tabelle 3 feststellen, daß die Irrtumswahrscheinlichkeit $p < 0,05$ ist. Das bedeutet, daß man bei einem Signifikanzniveau von 5% die Alternativhypothese anstelle der Nullhypothese akzeptiert.

Der Chi-Quadrat-Anpassungstest testet grundsätzlich zweiseitige Fragestellungen. Die Erwartungswerte sollten möglichst alle größer als 5,0 sein, ansonsten ist eher der *Binomialtest* (→ Kapitel IV, B) oder der hier nicht genauer vorgestellte *Polynomialtest* angezeigt. Eventuell ist auch der *G-Test als Anpassungstest* (→ Kapitel IV, E) möglich. Letzterer kann stets alternativ zum Chi-Quadrat-Anpassungstest verwendet werden.

Weitere Einschränkungen (z.B. *Stetigkeitskorrektur* bei $FG = 1$) sind beim *Chi-Quadrat-Test* (→ Kapitel IV, F) nachzulesen.

E. G-Test als Anpassungstest

Der G-Test als Anpassungstest prüft, ob Nominaldaten signifikant von einer vorgegebenen Verteilung abweichen.

BEISPIEL: Da der Test in denselben Situationen wie der *Chi-Quadrat-Anpassungstest* (→ Kapitel IV, D) angewendet werden kann, wird die Vorgehensweise auch an demselben Beispiel demonstriert. Bei der letzten Stichprobenzählung im Wiruwaruwolz wurden 16 rote, 9 gelbe und 5 grüne Finguren gefunden. Kann man davon ausgehen, daß die drei Arten gleich häufig sind, oder gibt es Unterschiede?

H_0: Rote, gelbe und grüne Finguren sind gleichhäufig.

H_1: Die Häufigkeiten, mit denen die verschiedenen Fingurenarten auftreten, weichen von einer Gleichverteilung ab (zweiseitiger Test).

Berechnet wird die Prüfgröße G aus den beobachteten *obs* und den erwarteten Werten *exp* in den k Kategorien.

$$G = 2 * \sum_{i=1}^{k} obs * ln \frac{obs}{exp}$$

Im Beispiel sollen die beobachteten Werte auf Gleichverteilung getestet werden. Folglich betragen alle Erwartungswerte $exp = N/k = (16 + 9 + 5)/3 = 10$.

$$G = 2 * \left(16 * ln \frac{16}{10} + 9 * ln \frac{9}{10} + 5 * ln \frac{5}{10} \right) = 6,212$$

Da die Prüfgröße annähernd Chi-Quadrat verteilt ist, kann (unter Berücksichtigung der Anzahl der Freiheitsgrade $FG = k - 1 = 2$) aus der Tabelle 3 die jedem Wert von G zugeordnete Irrtumswahrscheinlichkeit abgelesen werden. Um eine bessere Annäherung der Prüfgröße an die Chi-Quadrat-Verteilung zu erreichen, wird G zuvor noch durch den von Williams vorgeschlagenen *Korrekturfaktor* w dividiert.

$$G_{adj} = \frac{G}{w} = \frac{G}{1 + (k^2 - 1) \,/\, (6 * N * FG)} = \frac{6,212}{1 + (3^2 - 1) \,/\, (6 * 30 * 2)} = 6,077$$

Somit steht auf einem Signifikanzniveau von 5% fest, daß rote, gelbe und grüne Finguren unterschiedlich häufig im Wiruwaruwolz vorkommen ($0,01 < p < 0,05$). Der Chi-Quadrat-Anpassungstest lieferte erwartungsgemäß dasselbe Ergebnis.

Ähnlich wie beim Chi-Quadrat-Anpassungstest können auch beim G-Test nur zweiseitige Fragestellungen untersucht werden. Auch müssen für eine ordnungsgemäße Anwendung alle Erwartungswerte mindestens 5,0 (falls $k < 5$), beziehungsweise mindestens 3,0 (falls $k \geq 5$) betragen. Widrigenfalls muß der *Binomialtest* (→ Kapitel IV, B) oder der hier nicht genauer vorgestellte *Polynomialtest* verwendet werden.

F. Chi-Quadrat-Test

Der Chi-Quadrat-Test prüft, ob ein Unterschied zwischen zwei oder mehr unabhängigen Stichproben besteht. Dazu werden die gemessenen/beobachteten Werte *obs* mit Erwartungswerten *exp* zur Prüfgröße χ^2 verrechnet.

$$\chi^2 = \sum \frac{(obs - exp)^2}{exp}$$

Die Formel ist dieselbe wie im Fall einer Stichprobe (vgl. Kapitel IV, D). Nur werden jetzt die Freiheitsgrade FG und die Erwartungswerte anders berechnet.

Wie macht man das?

Dazu werden die Stichprobenwerte in einer $r * k$-Feldertafel (*Mehrfelder-Tafel* oder *Kontingenztafel*) angeordnet. Die Anzahl der Freiheitsgrade beträgt $FG = (r-1)*(k-1)$. Falls $FG = 1$ wird eine leicht modifizierte Formel (mit der von Yates eingeführten *Stetigkeitskorrektur*) zur Berechnung von χ^2 verwendet.

$$\chi^2 = \sum \frac{(|obs - exp| - 0.5)^2}{exp}$$

BEISPIEL: In zwei Wäldern wurde jeweils die Anzahl männlicher, weiblicher und jugendlicher Golze gezählt. Unterscheiden sich die beiden Populationen in ihrer Zusammensetzung?

H_0: Die beiden Populationen unterscheiden sich in ihrer Zusammensetzung nicht.

H_1: Die beiden Populationen unterscheiden sich in ihrer Zusammensetzung (zweiseitiger Test).

	Wald a	Wald b	$\sum$
♂♂	16	23	39
	(21,45)	(17,55)	
♀♀	20	12	32
	(17,65)	(14,45)	
juv.	19	10	29
	(15,95)	(13,05)	
$\sum$	55	45	100

Der in jedem Feld in Klammern angegebene Erwartungswert ist das Produkt aus der entsprechenden Zeilen- und Spaltensumme geteilt durch die Stichprobengröße ($N = 100$). Daraus ergibt sich die Prüfgröße $\chi^2 = 5,101$ mit $FG = (3-1)*(2-1) = 2$. Mit Hilfe der Tabelle 3 läßt sich feststellen, daß die beiden Stichproben auf einem Signifikanzniveau von 5% nicht signifikant verschieden sind ($0,05 < p < 0,1$).

Der Chi-Quadrat-Test prüft normalerweise zweiseitige Fragestellungen. Liegen die Daten in einer $2*2$-Feldertafel (*Vierfeldertafel*) vor, so gibt es eine einfachere Formel zur Berechnung von χ^2, was aber im Zeitalter der Computerprogramme nicht mehr so stark ins Gewicht fällt.

Obwohl der Test und seine Statistik häufig angewendet werden, gibt es eine ganze Reihe von Einschränkungen. So sollen mindestens 20% aller Erwartungswerte größer als 5,0 sein. Ist $FG = 1$ und $20 < N \leq 40$ sollten alle Erwartungswerte mindestens 5,0 betragen. Sind diese Forderungen nicht zu erfüllen (eventuell durch Zusammenfassen von Kategorien), oder ist ein Erwartungswert $< 1,0$ oder $N \leq 20$ (bei $FG = 1$), ist der *Fisher-Test* (→ Kapitel IV, H) oder hier nicht näher vorgestellte exakte Analyseverfahren zu verwenden. Probleme mit den Erwartungswerten gibt es unter anderem immer dann, wenn man versucht, den Chi-Quadrat-Test auf relative statt auf absolute Häufigkeiten anzuwenden.

Darüber hinaus setzt der Chi-Quadrat-Test eine wechselseitige Unabhängigkeit der Ereignisse voraus. Das bedeutet, daß die Daten innerhalb jeder Stichprobe und zwischen den einzelnen Stichproben unabhängig sein müssen. Dies ist im allgemeinen der Fall, wenn jedes Individuum nur einmal gemessen wird. Der Test reagiert äußerst empfindlich auf eine Verletzung dieser Annahme.

In allen Fällen, in denen es möglich ist, den Chi-Quadrat-Test anzuwenden, kann alternativ der G-Test (→ Kapitel IV, G) benutzt werden. Er besitzt eine Reihe von Vorteilen gegenüber dem Chi-Quadrat-Test, die in dem angegebenen Kapitel aufgeführt sind.

Häufig gibt es noch weitere Faktoren (sogenannte *confounding factors*), die eigentlich nicht untersucht werden sollen, sich aber aufs Ergebnis auswirken könnten (z.B. bestimmte Gruppenzugehörigkeiten der Versuchsindividuen). In diesen Fällen sollte die Analyse getrennt nach diesen Faktoren durchgeführt werden. Man spricht dann von *Stratifikation.* Die Ergebnisse lassen sich dann später wieder zu einer einzigen Irrtumswahrscheinlichkeit zusammenfassen (siehe Kapitel V).

Und schließlich muß für jedes untersuchte Individuum dieselbe Erfolgswahrscheinlichkeit vorliegen. Das heißt, die Zuordnung der Ergebnisse aller Individuen zu den verschiedenen Gruppen muß immer gleich schwierig sein. Es dürfen sich nicht einzelne Ergebnisse leichter klassifizieren lassen als andere. Sollte dies nicht der Fall sein, so empfiehlt sich wiederum eine getrennte Analyse und eventuell eine nachfolgende Zusammenfassung der Irrtumswahrscheinlichkeiten (siehe Kapitel V).

Um beurteilen zu können, ob einzelne Felder einer Kontingenztafel von ihrem jeweiligen Erwartungswert abweichen, wurde die *Konfigurationsfrequenzanalyse* entwickelt. Die Vorgehensweise für dieses spezielle Testverfahren entnehme man der einschlägigen Literatur.

G. G-Test

Der G-Test prüft, ob ein Unterschied zwischen zwei oder mehr unabhängigen Stichproben besteht.

BEISPIEL: Da der Test in denselben Situationen wie der *Chi-Quadrat-Test* (→ Kapitel IV, F) angewendet werden kann, wird die Vorgehensweise auch an demselben Beispiel demonstriert. In zwei Wäldern wurde jeweils die Anzahl männlicher, weiblicher und jugendlicher Golze gezählt. Unterscheiden sich die beiden Populationen in ihrer Zusammensetzung?

Wie macht man das?

H_0: Die beiden Populationen unterscheiden sich in ihrer Zusammensetzung nicht.

H_1: Die beiden Populationen unterscheiden sich in ihrer Zusammensetzung.

	Wald a	Wald b	S_Z
♂♂	16	23	39
♀♀	20	12	32
juv.	19	10	29
S_S	55	45	100

	Wald a	Wald b	S_Z
♂♂	44,361	72,116	**142,879**
♀♀	59,915	29,819	**110,904**
juv.	55,944	23,026	**97,652**
S_S	**220,403**	**171,300**	460,517

Die Ausgangsdaten *obs* sind in der linken $r * k$-Feldertafel (*Mehrfelder-Tafel* oder *Kontingenztafel*) mit $r = 3$ Reihen und $k = 2$ Spalten dargestellt. Alle Zeilensummen S_Z und Spaltensummen S_S addieren sich zur Stichprobengröße $N = 100$. Die rechte 3*2-Feldertafel wurde aus der linken errechnet, indem jeder Wert mittels der Funktion $y = x * ln(x)$ transformiert wurde. Die Prüfgröße G berechnet sich nun anhand der folgenden Formel

$$G = 2 * \left(\sum obs * lnobs + N * lnN - \sum S_Z * lnS_Z - \sum S_S * lnS_S\right)$$

Diese Formel sieht — wie viele andere mathematische Konstrukte — komplizierter aus als sie tatsächlich ist. Die benötigten logarithmisierten Werte sind bereits in der rechten Kontingenztafel zu finden. Alle dort normal dargestellten Zellen müssen addiert werden. Anschließend wird davon die Summe aller fett dargestellten Zellen subtrahiert und das Ergebnis verdoppelt.

$$\begin{aligned} G = 2 * [&(44,361 + 72,116 + 59,915 + 29,819 + 55,944 + 23,026 + 460,517) \\ &- (\mathbf{142,879 + 110,904 + 97,652 + 220,403 + 171,300})] = 5,123 \end{aligned}$$

Anschließend wird G noch durch den von Williams vorgeschlagenen *Korrekturfaktor* w dividiert.

$$w = 1 + \frac{\left(N * \sum_i \frac{1}{S_{Z_i}} - 1\right)\left(N * \sum_j \frac{1}{S_{S_j}} - 1\right)}{6 * N * (k-1) * (l-1)}$$

Auch diese Formel sieht furchteinflößender aus als sie eigentlich ist, wie das Beispiel beweist.

$$w = 1 + \frac{\left[100 * \left(\frac{1}{39} + \frac{1}{32} + \frac{1}{29}\right) - 1\right]\left[100 * \left(\frac{1}{55} + \frac{1}{45}\right) - 1\right]}{6 * 100 * (3-1) * (2-1)} = 1,021$$

Für $G_{adj} = G/w = 5,018$ läßt sich nun unter Beachtung der Anzahl der Freiheitsgrade $FG = (r-1) * (k-1) = (3-1) * (2-1) = 2$ unter Zuhilfenahme der Tabelle 3 feststellen, daß sich die beiden Stichproben auf einem Signifikanzniveau von 5% nicht unterscheiden ($0,05 < p < 0,1$). Die Golzpopulationen in den beiden Wäldern besitzen eine ähnliche Geschlechterzusammensetzung. Zu demselben Ergebnis kommt man erwartungsgemäß auch unter Verwendung des Chi-Quadrat-Tests.

Der Einsatz des Korrekturfaktors ist nur im Fall einer Vierfeldertafel zwingend erforderlich. Je größer die Kontingenztafel ist, desto eher kann der Korrekturfaktor vernachläßigt werden. Die schon beim Chi-Quadrat-Test aufgezählten Einschränkungen gelten auch für den G-Test. Dennoch besitzt dieser eine ganze Reihe von Vorteilen gegenüber dem Chi-Quadrat-Test. Zum einen ist der Rechenaufwand geringer, da keine Erwartungswerte berechnet werden müssen. Sodann besitzt der G-Test einige mehr theoretische, mathematische Vorzüge (z.B. Additivität mehrerer Ergebnisse, Möglichkeit der Partitionierung). Er läßt sich relativ einfach ausbauen, so daß auch die Beziehungen von mehr als zwei Variablen und ihre Wechselwirkungen untereinander untersucht werden können (vgl. die hier nicht genauer vorgestellte *Log-Linear-Analyse*). Und schließlich ist der Wert der Prüfgröße G, beziehungsweise G_{adj} häufig etwas größer als χ^2. Dies darf aber nicht dazu verleiten, die Wahl des Tests vom Ergebnis abhängig zu machen. Vielmehr sollte die Auswahl bereits bei der Projektplanung erfolgen. Dennoch wird in der biologischen Literatur bis heute der Chi-Quadrat-Test häufiger angewendet.

H. Fisher-Test

Der Fisher-Test prüft ebenso wie der Chi-Quadrat-Test, ob ein Unterschied zwischen zwei Stichproben besteht, deren Daten sich in einer Vierfeldertafel darstellen lassen. Im Gegensatz zum Chi-Quadrat-Test kann er auch bei einem sehr geringen Stichprobenumfang, beziehungsweise kleinen Erwartungswerten angewandt werden.

Bezeichnet man die vier Felder einer $2 * 2$-Feldertafel fortlaufend mit A, B, C, D, und die Stichprobengröße mit N, so errechnet sich die Wahrscheinlichkeit für die gegebene Anordnung folgendermaßen

$$P_i = \frac{(A+B)!(C+D)!(A+C)!(B+D)!}{N!\,A!\,B!\,C!\,D!}$$

Für die Irrtumswahrscheinlichkeit des zweiseitigen Tests müssen die Wahrscheinlichkeiten für die gegebene Anordnung und alle extremeren Verteilungen aufaddiert werden. Diese extremeren Verteilungen erhält man, indem die kleinste Zahl in der Tafel jeweils um eins erniedrigt wird, während die Zahl im schräg gegenüberliegenden Feld um eins erhöht wird, bis ein Feld leer ist.

BEISPIEL: In zwei verschiedenen Wolzen wurde jeweils die Anzahl männlicher und weiblicher Flügelflagel gezählt. Unterscheiden sich die beiden Populationen hinsichtlich des Geschlechterverhältnisses?

H_0: Das Geschlechterverhältnis in den beiden Populationen ist gleich.

H_1: Das Geschlechterverhältnis in den beiden Populationen unterscheidet sich (zweiseitiger Test).

	♂♂	♀♀	
Stichprobe a	12	9	$N = 12 + 9 + 8 + 1 = 30$
Stichprobe b	8	1	

Der Erwartungswert des rechten unteren Feldes beträgt nur 3,0 (vgl. *Chi-Quadrat-Test* → Kapitel IV, F). Daher kann der Chi-Quadrat-Test nicht angewandt werden. Die Wahrscheinlichkeit P_1 für die gegebene Verteilung beträgt

$$P_1 = \frac{(12+9)!(8+1)!(12+8)!(9+1)!}{30!\,12!\,9!\,8!\,1!} = 0,088$$

Die einzige extremere Verteilung $\begin{matrix} 13 & 9 \\ 8 & 0 \end{matrix}$ ergibt sich mit einer Wahrscheinlichkeit von

$$P_2 = \frac{(13+9)!(8+0)!(13+8)!(9+0)!}{30!\,13!\,9!\,8!\,0!} = 0,035$$

Somit errechnet sich die Irrtumswahrscheinlichkeit $p = P_1 + P_2 = 0,123$ (zweiseitiger Test). Das bedeutet, die Nullhypothese kann bei einem Signifikanzniveau von $\alpha = 0,05$ nicht verworfen werden.

Es soll nicht verschwiegen werden, daß einzelne Autoren (z.B. [3]) vom Fisher-Test so wenig überzeugt sind, daß sie statt seiner stets den Chi-Quadrat-Test, beziehungsweise eine Variante davon, empfehlen.

I. Wilcoxon-Test

Der Wilcoxon-Test prüft, ob sich zwei abhängige, aus Ordinaldaten (besser noch Intervalldaten) bestehende Stichproben in ihrem Median unterscheiden.

BEISPIEL: Sind bei roten Finguren die zweiten Gelege einer Saison größer als die ersten? Dazu wurden die Gelegegrößen von zehn Brutpaaren von roten Finguren während der ersten und zweiten Brutperiode bestimmt.

H_0: Die Gelegegrößen in den beiden Brutperioden unterscheiden sich nicht, beziehungsweise sie sind in der ersten Brutperiode größer.

H_1: Die Gelegegrößen sind in der zweiten Brutperiode größer (einseitiger Test). Ausgangsdaten und weitere Vorgehensweise zeigt die nachfolgende Tabelle:

Brutpaar/Datensatz	1	2	3	4	5	6	7	8	9	10
1. Brutperiode	2	4	3	4	4	2	3	1	2	5
2. Brutperiode	2	4	4	5	3	4	5	4	5	1
Differenz	0	0	-1	-1	1	-2	-2	-3	-3	4
Betrag der Differenz	0	0	1	1	1	2	2	3	3	4
Rang der Absolutwerte	-	-	2	2	2	4,5	4,5	6,5	6,5	8

Datensätze, die in beiden Stichproben gleich sind (Differenz=0), werden bei der weiteren Auswertung nicht berücksichtigt (Nr. 1 und 2). Den übrigen Absolutwerten der Differenzen werden ihrer Größe nach Rangplätze zugewiesen. Die kleinste Differenz erhält den Rang 1. Gibt es mehrere dem Betrag nach gleiche Differenzen, so wird ihnen ein Durchschnittsrang zugewiesen (z.B. Nr. 3, 4 und 5). Da es in diesem Fall weniger positive als negative Differenzen gibt, ist die Prüfgröße T die Summe der Ränge der Datensätze mit einer positiven Differenz. Sind die negativen Differenzen in Unterzahl, wird T aus ihnen berechnet.

$$T = 8 + 2 = 10$$

Für den zur Auswertung verbliebenen Stichprobenumfang von $N = 8$ erhält man mit Hilfe von Tabelle 4 eine einseitige Irrtumswahrscheinlichkeit $p > 0,05$. Das bedeutet, die Gelegegrößen in den beiden Brutperioden unterscheiden sich nicht signifikant.

Voraussetzungen für die korrekte Anwendung des Tests sind das Fehlen von Ausreißern in der Grundgesamtheit, eine annähernd symmetrische Verteilung der Differenzen und die Annahme, daß alle Differenzen denselben Median haben. Treten viele Nulldifferenzen auf, so sollten sie in die Rangplatzvergabe mit einbezogen werden. Genaueres hierzu entnehme man im Bedarfsfall einschlägigen Statistikbüchern (z.B. [4] oder [26]).

J. Mann-Whitney U-Test

Der Mann-Whitney U-Test prüft, ob zwei unabhängige Stichproben von Ordinaldaten denselben Median haben.

BEISPIEL: Bei der letzten Umfrage im Wiruwaruwolz wurden $N_1 = 6$ Figuren und $N_2 = 5$ Golze gebeten, den Zustand des Wolzes auf einer Skala von 1=ausgezeichnet bis 6=madig einzustufen. Unterscheiden sich die beiden Arten in ihrer Beurteilung?

Wie macht man das?

H_0: Die beiden Arten unterscheiden sich in ihren Benotungen nicht.

H_1: Finguren und Golze beurteilen den Zustand des Wolzes unterschiedlich (zweiseitiger Test).

Die Daten der beiden Stichproben werden der Größe nach geordnet und bekommen Rangplätze zugeordnet. Der kleinste Wert erhält den Rang 1; gleichen Werten (*Verbundwerte*) wird ein Durchschnittsrang zugewiesen.

Benotung Finguren $N_1 = 6$				3		3	4		5	5	6
Benotung Golze $N_2 = 5$	1	2	2		3			4			
Gesamtrang	1	2,5	2,5	5	5	5	7,5	7,5	9,5	9,5	11

Für jede Stichprobe wird die Summe der Rangplätze ihrer Daten berechnet.

$$R_1 = 5 + 5 + 7,5 + 9,5 + 9,5 + 11 = 47,5$$

$$R_2 = 1 + 2,5 + 2,5 + 5 + 7,5 = 18,5$$

Unter Verwendung der beiden Stichprobengrößen N_1 und N_2 und der Rangsummen R_1 und R_2 ergeben sich zwei Prüfgrößen

$$U_1 = N_1 * N_2 + \frac{N_1 * (N_1 + 1)}{2} - R_1 = 6 * 5 + \frac{6 * (6 + 1)}{2} - 47,5 = 3,5$$

$$U_2 = N_1 * N_2 + \frac{N_2 * (N_2 + 1)}{2} - R_2 = 6 * 5 + \frac{5 * (5 + 1)}{2} - 18,5 = 26,5$$

Zum Nachschlagen in Tabelle 5 verwendet man jeweils den kleineren der beiden Werte U_1 oder U_2. Die gefundene Irrtumswahrscheinlichkeit $0,05 < p < 0,1$ für den zweiseitigen Test zeigt, daß bei einem Signifikanzniveau von 5% zwar eine Tendenz, aber kein signifikanter Unterschied zwischen den Beurteilungen der Finguren und der Golze vorhanden ist.

Den beiden Stichproben muß eine kontinuierliche Verteilung (vergleiche Kapitel IV, K) zugrundeliegen. Außerdem wird davon ausgegangen, daß ihre Variabilität dieselbe ist.

Für größere Stichproben nähert sich die Verteilung der Prüfgröße U einer Normalverteilung an. Daher lassen sich dann andere Formeln und Tabellen verwenden, die man in Statistikbüchern nachschlagen kann, wenn man nicht lieber gleich ein Computerprogramm verwendet.

Für sehr kleine Stichproben ist der *Kolmogorov-Smirnov-Test* (→ Kapitel IV, K) dem Mann-Whitney U-Test vorzuziehen.

K. Kolmogorov-Smirnov-Test für zwei Stichproben

Der Kolmogorov-Smirnov-Test prüft, ob zwei unabhängige Stichproben von Ordinaldaten sich in irgendwelchen Parametern (Lage, Streuung, Skewness, Kurtosis) unterscheiden.

BEISPIEL: Da der Test auf dieselben Daten wie der *Mann-Whitney U-Test* (→ Kapitel IV, J) angewendet werden kann, soll er auch an demselben Beispiel demonstriert werden. Bei der letzten Umfrage im Wiruwaruwolz wurden $N_1 = 6$ Finguren und $N_2 = 5$ Golze gebeten, den Zustand des Wolzes auf einer Skala von 1=ausgezeichnet bis 6=madig einzustufen. Unterscheiden sich die beiden Arten in ihrer Beurteilung?

H_0: Die beiden Arten unterscheiden sich in ihren Benotungen nicht.

H_1: Finguren und Golze beurteilen den Zustand des Wolzes unterschiedlich (zweiseitiger Test).

Das Vorgehen beim Testen zeigt die folgende Tabelle:

Noten	1	2	3	4	5	6
von Golzen gewählt ($N_1 = 5$)	1	2	1	1	–	–
kumulative Verteilung $V_1(x)$	6/30	18/30	24/30	30/30	30/30	30/30
von Finguren gewählt ($N_2 = 6$)	–	–	2	1	2	1
kumulative Verteilung $V_2(x)$	0/30	0/30	10/30	15/30	25/30	30/30
$V_1(x) - V_2(x)$	6/30	18/30	14/30	15/30	5/30	0/30

Die Variable $D = 18/30 = 0,6$ ist die größte auftretende Differenz $V_1(x) - V_2(x)$. Dabei wird bei einer einseitigen Fragestellung die kleinere Verteilung von der größeren subtrahiert und bei einer zweiseitigen Fragestellung der Absolutwert der Differenz betrachtet. Für die Berechnung der Prüfgröße $N_1 * N_2 * D = 5 * 6 * 0,6 = 18$ benötigt man noch zusätzlich die beiden Stichprobenumfänge N_1 und N_2. Aus Tabelle 6 ist ersichtlich, daß die Irrtumswahrscheinlichkeit für diesen Fall $p > 0,05$ ist. Damit kann die Nullhypothese bei einem Signifikanzniveau von 5% (ebenso wie beim Mann-Whitney U-Test) nicht verworfen werden.

Es wird vorausgesetzt, daß die Testdaten aus einer *kontinuierlichen/stetigen Verteilung* stammen. *Kontinuierliche Variablen* können innerhalb eines gegebenen Intervalls eine unendliche Anzahl von Werten annehmen. Auf den ersten Blick sehen die sechs Notenstufen des Beispiels eher nach einer *diskreten Variablen* aus. Allerdings kann man davon ausgehen, daß die eigentliche Beurteilung sehr wohl ein Kontinuum darstellt, das dann in sechs Klassen eingeteilt wird. Die Bedeutung der Note „zwei" reicht von „knapp die Note eins verfehlt" bis zu „fast die Note drei". In der Schule wird häufig versucht, diesem Umstand durch Plus- und Minuszeichen Rechnung zu tragen.

Für größere Stichproben ist der Mann-Whitney U-Test dem Kolmogorov-Smirnov-Test vorzuziehen.

L. t-Test für gepaarte Stichproben

Der t-Test für gepaarte Stichproben ist ein parametrisches Verfahren, welches untersucht, ob sich die Mittelwerte von zwei abhängigen Stichproben, die aus Intervalldaten bestehen, unterscheiden.

BEISPIEL: Da man davon ausgeht, daß Flügelflagel durch die Aufzucht ihrer Jungen an Gewicht verlieren, wurden dieselben zehn Tiere vor und nach der Fortpflanzungsperiode gewogen. Läßt sich ein Unterschied nachweisen?

H_0: Das Gewicht vor und nach der Fortpflanzungsperiode unterscheidet sich nicht, beziehungsweise die Individuen wiegen nach der Aufzucht ihrer Jungen mehr als zuvor.

H_1: Flügelflagel wiegen nach der Aufzucht ihrer Jungen weniger als zuvor (einseitiger Test).

Die Ausgangsdaten und den ersten Testschritt zeigt folgende Tabelle:

Fingur Nr.	1	2	3	4	5	6	7	8	9	10
vorher	490	511	530	546	568	571	585	590	599	619
nachher	491	508	521	550	531	553	546	567	599	613
Differenz d	-1	3	9	-4	37	18	39	23	0	6

Mit Hilfe der Stichprobengröße $N = 10$, sowie des Mittelwertes $\overline{d} = 13$ und der Standardabweichung $s_d = 15,620$ ($\rightarrow$ Kapitel IV, A) der Differenzen kann die Prüfgröße t berechnet werden.

$$t = \frac{|\overline{d}| * \sqrt{N}}{s_d} = \frac{|\overline{d}| * \sqrt{N}}{\frac{\sum(d_i - \overline{d})^2}{N-1}} = \frac{13 * \sqrt{10}}{15,620} = 2,632$$

Berücksichtigt man noch die Anzahl der Freiheitsgrade $FG = N - 1 = 9$, so läßt sich mittels Tabelle 7 feststellen, daß bei einem Signifikanzniveau von 5% ein signifikanter Unterschied zwischen den Gewichten vor und nach der Fortpflanzungsperiode besteht ($0,025 > p > 0,01$; einseitiger Test).

M. t-Test

Der t-Test von Student ist ein parametrisches Verfahren, das untersucht, ob sich die Mittelwerte von zwei unabhängigen Stichproben aus Intervalldaten unterscheiden.

BEISPIEL: Im Wiruwaruwolz wurden die Stammumfänge der Nistbäume von Finguren und Golzen gemessen. Es stellt sich die Frage, ob Golze und Finguren unterschiedlich starke Bäume zum Nisten verwenden.

H_0: Der mittlere Stammumfang der Nistbäume der beiden Arten unterscheidet sich nicht.

H_1: Golze und Finguren nisten auf unterschiedlich starken Bäumen (zweiseitiger Test).

Gemessene Stammumfänge der Bäume mit Golznestern ($N_1 = 7$):

34 46 55 81 97 112 157

Gemessene Stammumfänge der Bäume mit Fingurennestern ($N_2 = 10$):

54 88 90 112 138 146 159 161 189 234

Gemäß den weiter vorne angegebenen Formeln (→ Kapitel IV, A) wird getrennt für jede Stichprobe aus den Daten x_i der Mittelwert $\overline{x}$ und die Varianz s^2 berechnet

$$\overline{x_1} = \frac{\sum_{i=1}^{N_1} x_i}{N_1} = 83,143$$

$$\overline{x_2} = 137,1$$

$$s_1^2 = \frac{\sum_{i=1}^{N_1} (x_i - \overline{x_1})^2}{N_1 - 1} = 1845,143$$

$$s_2^2 = 2819,878$$

Aus diesen Werten erhält man eine gemeinsame Standardabweichung

$$s_{ges} = \sqrt{\frac{(N_1 - 1)\, s_1^2 + (N_2 - 1)\, s_2^2}{N_1 + N_2 - 2}} = 49,295$$

und daraus schließlich den Wert der Prüfgröße t

$$t = \frac{|\overline{x_1} - \overline{x_2}|}{s_{ges}\sqrt{1/N_1 + 1/N_2}} = 2,221$$

mit einer bekannten Zahl von Freiheitsgraden $FG = N_1 + N_2 - 2 = 15$. Mittels der Tabelle 7 läßt sich nun unschwer feststellen, daß die Nullhypothese bei einem Signifikanzniveau von 5% zugunsten der Alternativhypothese zurückgewiesen werden kann ($0,05 > p > 0,02$; zweiseitiger Test). Somit ist gezeigt, daß Golze und Finguren signifikant unterschiedlich starke Bäume zum Nisten verwenden.

Der t-Test setzt voraus, daß die beiden Stichproben normalverteilt und ihre Varianzen gleich sind. Gegenüber Abweichungen von der ersten Voraussetzung, die beispielsweise mit dem Kolmogorov-Smirnov-Anpassungstest (→ Kapitel IV, C) geprüft werden kann, ist der t-Test relativ robust. Von der Varianzhomogenität sollte man sich mit Hilfe des *F-Tests* (→ Kapitel IV, N) überzeugen. Da der letztgenannte Test jedoch im Unterschied zum t-Test sehr empfindlich auf nicht normal verteilte Daten reagiert, läßt sich die Vorgehensweise für den Test auf Mittelwertunterschiede von zwei unabhängigen, normalverteilten Stichproben folgendermaßen zusammenfassen:

1. Test auf Abweichung von der Normalverteilung (z.B. Kolmogorov-Smirnov-Anpassungstest). Falls Irrtumswahrscheinlichkeit $p >$ Signifikanzniveau α:
2. Test auf unterschiedliche Varianzen (F-Test). Falls Irrtumswahrscheinlichkeit $p >$ Signifikanzniveau α:
3. Test auf Mittelwertunterschiede (t-Test).

N. F-Test

Der F-Test ist ein parametrisches Verfahren, das untersucht, ob sich die Varianzen von zwei unabhängigen Stichproben aus Intervalldaten unterscheiden.

BEISPIEL: Man weiß, daß Flügelflagel nur bei Temperaturen um 25°C gaustern. Allerdings ist nicht ganz klar, ob alle Artgenossen dieselben strengen Ansprüche an das Temperaturoptimum stellen. Die Temperaturabweichungen (Varianz), bei denen das Gaustern noch auftritt, könnten populationsspezifisch sein. Daher wurde jeweils die Temperatur notiert, bei der verschiedene Individuen aus zwei getrennten Populationen A und B gausterten.

H_0: Die Varianz der Temperaturen, bei denen Gaustern auftritt, ist bei beiden Populationen dieselbe (Varianzhomogenität).

H_1: Eine Population ist homogener, das heißt sie zeigt eine geringere Variabilität bezüglich der Gaustertemperatur als die andere (zweiseitiger Test).

Gemessene Temperaturen, bei denen Flügelflagel der Population A gausterten ($N_1 = 5$):

$$23,9 \quad 24,5 \quad 26,0 \quad 25,3 \quad 25,7$$

Gemessene Temperaturen, bei denen Flügelflagel der Population B gausterten ($N_2 = 8$):

$$27,5 \quad 22,9 \quad 25,0 \quad 23,4 \quad 27,0 \quad 24,9 \quad 21,1 \quad 20,6$$

Gemäß den weiter vorne angegebenen Formeln (→ Kapitel IV, A) wird getrennt für jede Stichprobe aus den Daten x_i der Mittelwert $\overline{x}$ und die Varianz s^2 berechnet

$$\overline{x_1} = \frac{\sum_{i=1}^{N_1} x_i}{N_1} = 25,08$$

$$\overline{x_2} = 24,05$$

$$s_1^2 = \frac{\sum_{i=1}^{N_1} (x_i - \overline{x_1})^2}{N_1 - 1} = 0,752$$

$$s_2^2 = 6,369$$

Zur Berechnung der Prüfgröße F wird nun die größere Varianz durch die kleinere geteilt. Im Beispiel ist $s_2^2 > s_1^2$, weshalb

$$F = \frac{s_2^2}{s_1^2} = \frac{6,369}{0,752} = 8,469$$

Die Anzahl der Freiheitsgrade beträgt jeweils $N_i - 1$; also $FG_2 = 8 - 1 = 7$ und $FG_1 = 5 - 1 = 4$. Mit diesen Informationen läßt sich aus Tabelle 8 ablesen, daß die Nullhypothese bei einem gewählten Signifikanzniveau von 5% nicht verworfen werden kann ($0,05 < p < 0,1$; zweiseitiger Test). Die Variabilität bezüglich der Gaustertemperatur ist also bei beiden Populationen ähnlich.

Der F-Test setzt voraus, daß die beiden Stichproben normalverteilt sind und reagiert sehr empfindlich auf eine Verletzung dieser Voraussetzung. Sie kann aber beispielsweise mit dem *Kolmogorov-Smirnov-Anpassungstest* (→ Kapitel IV, C) geprüft werden.

O. Einfaktorielle Varianzanalyse (One-way ANOVA)

Die einfaktorielle Varianzanalyse (One-way analysis of variance) ist ein parametrisches Verfahren, das testet, ob sich von mehreren aus Intervalldaten bestehenden Stichproben mindestens eine in ihrem Mittelwert von den übrigen unterscheidet.

Zuerst muß geklärt werden, weshalb ein Test, der Mittelwerte vergleicht, Varianzanalyse genannt wird. Die Werte jeder Stichprobe zeigen eine zufällige Streuung um den Mittelwert der Stichprobe (Varianz_{in}: innerhalb der Stichprobe). Die Ursache für die Varianz_{in} ist unbekannt. Gelegentlich wird sie auch als Restvarianz (residual variance) oder Versuchsfehler (error) bezeichnet.

Zugleich kann eine zufällige Streuung der Stichprobenmittelwerte um den Gesamtmittelwert auftreten, wenn sich die Mittelwerte der einzelnen Populationen, aus denen die Stichproben stammen, unterscheiden. Dies führt durch eine Erhöhung der Variabilität zwischen den Stichproben (Varianz_{zw}) zu einer Vergrößerung der Gesamtvarianz (Varianz_{G}), die sich aus allen Stichprobenwerten berechnet. Die Ursachen für die Varianz_{zw} sind durch die Auswahl der Populationen, aus denen die Stichproben entnommen werden, festgelegt. Daher wird sie gelegentlich auch erklärte Varianz oder Treatmentvarianz genannt.

Wiegt man beispielsweise in drei verschiedenen Populationen jeweils einige männliche Bartmäuse (*Pseudomys barbatus*), so wird man eine gewisse Variabilität innerhalb jeder Population feststellen (Varianz_{in}), da — aus nicht näher anzugebenden Gründen — nicht alle Individuen exakt dasselbe Gewicht haben. Leben die drei Populationen unter verschiedenen klimatischen Bedingungen (z.B. Tundra, Mitteleuropa und Sahara), so variieren die Körpergewichte zwischen ihnen vermutlich erheblich (Varianz_{zw}), was sich aber leicht durch die unterschiedlichen Lebensräume erklären läßt.

Die Gesamtvarianz setzt sich also aus zwei Komponenten zusammen:

$$\text{Varianz}_{G} = \text{Varianz}_{zw} + \text{Varianz}_{in}$$

Falls alle Stichproben aus normalverteilten Populationen mit demselben Mittelwert und derselben Varianz stammen, ist $\text{Varianz}_{zw}=\text{Varianz}_{in}$. Kann man nun mit Hilfe eines statistischen Tests nachweisen, daß sich Varianz_{zw} und Varianz_{in} (mit großer Wahrscheinlichkeit) unterscheiden, so müssen die Stichproben verschiedene Mittelwerte und/oder Varianzen besitzen. Da bei einer ANOVA aber vorausgesetzt wird, daß die Varianzen_{in} der Stichproben identisch sind (Varianzhomogenität), bedeutet ein Unterschied zwischen Varianz_{zw} und Varianz_{in} einen Mittelwertunterschied zwischen den Stichproben. Oder anders ausgedrückt: je größer Varianz_{zw} im Verhältnis zu Varianz_{in} ist, desto eher ist ein Mittelwertunterschied zwischen den Stichproben anzunehmen.

BEISPIEL: Um endlich den alten Streit zu entscheiden, ob die im Wiruwaruwolz anzutreffenden Arten unterschiedlich lange Beine haben, wurden jeweils einige Flügelflagel, Finguren und Golze vermessen.

H_0: Flügelflagel, Finguren und Golze haben gleich lange Beine.

H_1: Mindestens eine Art unterscheidet sich in der Beinlänge von den übrigen.

Die Daten der $k = 3$ Stichproben und die ersten Auswertungsschritte sind in der nachfolgenden Tabelle dargestellt:

	Flügelflagel	Finguren	Golze	
	15	13	16	
	10	16	19	
	12	18	20	
	16	12	21	
	8		16	Gesamt
Stichprobengröße n	5	4	5	14
$\sum x$	61	59	92	212
$(\sum x)^2$	3721	3481	8464	44944
$\sum(x^2)$	789	893	1714	3396

Unter Verwendung dieser Daten wird zuerst ein Korrekturfaktor KF und sodann die Summe der quadratischen Abweichungen SS (sum of squares) für jede Komponente berechnet. SS bezeichnet eigentlich — wie der Name schon vermuten läßt — die quadrierte Abweichung der einzelnen Werte vom jeweiligen Mittelwert. Aus der hier angegebenen Vorgehensweise wird dies nicht ersichtlich; sie ist jedoch weniger aufwendig.

$$KF = \frac{(\sum x_G)^2}{n_G} = \frac{44944}{14} = 3210,286$$

$$SS_G = \sum x_G^2 - KF = 3396 - 3210,286 = 185,714$$

$$SS_{zw} = \sum_{i=1}^{k} \frac{(\sum x_i)^2}{n_i} - KF = \frac{3721}{5} + \frac{3481}{4} + \frac{8464}{5} - 3210,286 = 96,964$$

$$SS_{in} = SS_G - SS_{zw} = 185,714 - 96,964 = 88,750$$

Wie macht man das?

Aus den Summen der quadratischen Abweichungen SS ergibt sich durch Division mit der jeweils um eins erniedrigten Anzahl der Freiheitsgrade FG die Varianz s^2 für jede Komponente (vgl. Formel für Varianz → Kapitel IV, A).

$$FG_G = n_G - 1 = 14 - 1 = 13$$

$$FG_{zw} = k - 1 = 3 - 1 = 2$$

$$FG_{in} = n_G - k = 14 - 3 = 11$$

$$s^2_{zw} = \frac{SS_{zw}}{FG_{zw}} = \frac{96,964}{2} = 48,482$$

$$s^2_{in} = \frac{SS_{in}}{FG_{in}} = \frac{88,750}{11} = 8,068$$

Varianz$_{zw}$ und Varianz$_{in}$ werden schließlich mittels eines F-Tests verglichen.

$$F = \frac{S^2_{zw}}{S^2_{in}} = \frac{48,482}{8,068} = 6,009$$

Anhand der Tabelle 8 läßt sich feststellen, daß die Nullhypothese mit hoher Wahrscheinlichkeit verworfen werden kann ($F_{2,11} = 6,009; 0,025 > p > 0,01$). Mindestens eine der untersuchten Arten unterscheidet sich in der Beinlänge signifikant von den anderen (bezogen auf ein Signifikanzniveau von 5%). Dazu muß man wissen, daß es sich beim F-Test im Rahmen einer Varianzanalyse um einen einseitigen Test handelt. Im Gegensatz zum *F-Test* (→ Kapitel IV, N) steht bei einer ANOVA von vornherein fest, welche Varianz den Nenner des Bruchs bildet, nämlich die Varianz$_{in}$. Ist diese größer als Varianz$_{zw}$, so ist ein signifikantes Ergebnis ausgeschlossen.

Meist werden die Ergebnisse einer Varianzanalyse in einer zusammenfassenden Tabelle dargestellt:

Varianzquelle	SS	FG	s^2	F
zwischen Populationen	96,964	2	48,482	6,009
innerhalb Stichproben	88,750	11	8,068	
Gesamt	185,714	13		

Liefert die Varianzanalyse wie im vorliegenden Beispiel ein signifikantes Ergebnis, so zeigt das nur, daß sich mindestens eine Stichprobe von den übrigen unterscheidet. Um feststellen zu können, welche der untersuchten Populationen sich im einzelnen unterscheiden, sind Einzelvergleiche nötig. Dazu stehen verschiedene Verfahren zur Verfügung, wie zum Beispiel der *t-Test* (→ Kapitel IV, M) unter Verwendung der *Bonferroni-Technik* (siehe Kapitel V), der *Student-Newman-Keuls-Test*, der *Tukey-Test* oder der *Scheffé-Test*. Die letzten drei sind hier allerdings nicht näher besprochen.

Die Varianzanalyse setzt voraus, daß die Stichproben aus normalverteilten Populationen stammen und homogene Varianzen besitzen. Die erste Voraussetzung läßt sich beispielsweise mit dem *Kolmogorov-Smirnov-Anpassungstest* (→ Kapitel IV, C) kontrollieren, während der F_{max}-Test (→ Kapitel IV, P), der *Bartlett-Test*, der *Levene's Test* und die *Extension des Rangquadrat-Tests* die zweite überprüfen. Außerdem dürfen die Stichproben keine Ausreißer enthalten. Häufig lassen sich die Voraussetzungen durch eine *Transformation* der Daten (siehe Kapitel II) verbessern, beziehungsweise erreichen. Insgesamt ist die Varianzanalyse bei großen Stichproben aber relativ robust gegen eine Verletzung ihrer Voraussetzungen; das heißt, sie führt auch dann noch zu hinreichend richtigen Ergebnissen, wenn die Voraussetzungen nicht hundertprozentig erfüllt sind.

Im Beispiel wurde die Wirkung einer unabhängigen Variablen (Artzugehörigkeit) auf eine abhängige (Beinlänge) untersucht. Da die unabhängigen Variablen auch als *Faktoren* bezeichnet werden, handelt es sich — wie schon in der Überschrift angekündigt — um eine einfaktorielle Varianzanalyse.

Falls man wiederholt Daten von denselben Individuen/Objekten sammelt (abhängige Stichproben), basiert die Analyse auf einem etwas anderen mathematischen Modell als in dem hier vorgestellten Fall ohne Meßwiederholungen.

Wie macht man das?

P. F_{max}-Test

Der F_{max}-Test von Hartley ist ein parametrisches Verfahren, das untersucht, ob sich von mehreren gleich großen, unabhängigen Stichproben mit Intervalldaten mindestens eine in ihrer Varianz von den übrigen unterscheidet.

BEISPIEL: Flügelflagel, Finguren und Golze benötigen jeweils unterschiedlich lange zum Bau eines neuen Nestes. Um festzustellen, ob die durchschnittliche Abweichung vom artspezifischen Mittelwert (Varianz) bei den drei Spezies gleich groß ist oder nicht, wurde die Nestbaudauer von jeweils $N = 6$ Individuen jeder Art gestoppt.

H_0: Die bei der Nestbaudauer auftretende Varianz ist bei Flügelflageln, Finguren und Golzen dieselbe (Varianzhomogenität).

H_1: Mindestens eine Art unterscheidet sich bezüglich der Variabilität ihrer Nestbaudauer von den übrigen (zweiseitiger Test).

	Flügelflagel	Finguren	Golze
	90	50	39
	95	44	31
	87	35	40
	89	71	46
	85	65	53
	90	54	37
Mittelwert $\overline{x}$	89,333	53,167	41,000
Varianz s^2	11,467	176,567	58,000

Mittelwert $\overline{x}$ und Varianz s^2 werden gemäß den weiter vorne angegebenen Formeln (→ Kapitel IV, A) getrennt für jede Stichprobe berechnet. Die Prüfgröße F_{max} ergibt sich aus der Division der größten auftretenden Varianz durch die kleinste. Im Beispiel treten diese bei der zweiten (Finguren), beziehungsweise ersten Stichprobe (Flügelflagel) auf.

$$F_{max} = \frac{s^2_{max}}{s^2_{min}} = \frac{176,567}{11,467} = 15,398$$

Unter Beachtung der Stichprobenanzahl $k = 3$ und der Zahl der Freiheitsgrade $FG = N - 1 = 5$ läßt sich unschwer aus der Tabelle 9 ablesen, daß die Irrtumswahrscheinlichkeit für den berechneten Wert der Prüfgröße $p < 0,05$ beträgt (zweiseitiger Test). Bezogen auf ein Signifikanzniveau von 5% unterscheidet sich also mindestens eine Art in der Variabilität ihrer Nestbaudauer von den anderen.

Der F_{max}-Test setzt voraus, daß die beiden Stichproben normalverteilt sind, was sich beispielsweise mit dem *Kolmogorov-Smirnov-Anpassungstest* (→ Kapitel IV, C) überprüfen läßt.

Q. Friedman-Test (Zweifaktorielle Rangvarianzanalyse)

Der Friedman-Test prüft, ob sich von mehreren abhängigen Stichproben mit Ordinaldaten mindestens eine in ihrem Median von den übrigen unterscheidet. Es handelt sich um eine Extension des *Vorzeichentests für zwei abhängige Stichproben* (vgl. Kapitel III).

BEISPIEL: Bei drei Golzen wurde ein Jahr lang im Abstand von jeweils drei Monaten die Anzahl der Sommersprossen abgeschätzt. Da Golze im allgemeinen sehr viele Sommersprossen haben, wird die Anzahl nur klassifiziert (von I=wenige bis V=sehr viele). Unterliegt die Anzahl der Sommersprossen irgendeiner Jahresrhythmik?

H_0: Golze haben das ganze Jahr über gleich viele Sommersprossen.

H_1: Zumindest zu einer Jahreszeit haben Golze eine andere Sommersprossenanzahl als das restliche Jahr über (zweiseitiger Test).

	Sommersprossenklassse			
	Frühjahr	Sommer	Herbst	Winter
Golz 1	IV	V	III	II
Zeilenränge	3	4	2	1
Golz 2	II	IV	III	I
Zeilenränge	2	4	3	1
Golz 3	III	V	IV	I
Zeilenränge	2	4	3	1
Spaltensumme S_i	7	12	8	3

Den Daten jedes Individuums werden Ränge zugeordnet, jeweils beginnend mit 1 für den niedrigsten Wert. Sie sind in obenstehender Tabelle im rechten Teil jeder Spalte dargestellt. Innerhalb jeder Stichprobe werden die Rangnummern dann zur Spaltensumme aufaddiert. Besteht kein Unterschied zwischen den Stichproben (Nullhypothese), sind die Spaltensummen ungefähr gleich groß, da die Ränge innerhalb der Spalten zufällig verteilt sind. Die Prüfgröße F_r errechnet sich daher aus diesen Spaltensummen S_i, unter Berücksichtigung der Anzahl der untersuchten Individuen $N = 3$ und der Stichprobenzahl $k = 4$.

Wie macht man das?

$$\begin{aligned} F_r &= \left(\frac{12}{Nk(k+1)}\sum_{i=1}^{k} S_i^2\right) - 3N(k+1) \\ &= \left(\frac{12}{3*4*(4+1)}\sum_{i=1}^{4} S_i^2\right) - 3*3*(4+1) \\ &= 8,2 \end{aligned}$$

Ein kurzer Blick in Tabelle 10 zeigt, daß für den errechneten Wert der Prüfgröße F_r die Irrtumswahrscheinlichkeit $0,05 > p > 0,01$ ist. Das bedeutet, daß es (bezogen auf ein Signifikanzniveau von 5%) signifikante Veränderungen der Sommersprossenzahlen von Golzen im Jahresverlauf gibt (Alternativhypothese).

Treten innerhalb einer Reihe mehrere gleichgroße Werte (*Verbundwerte*) auf, wird ihnen ein Durchschnittsrang zugewiesen. Allerdings muß das dann auch bei der Ermittlung der Prüfgröße berücksichtigt werden, indem man den berechneten Wert F_r noch durch den folgenden Term dividiert

$$1 - \frac{1}{Nk\,(k^2-1)}\sum_{j=1}^{m}\left(t_j^3 - t_j\right)$$

Dabei ist für m die Gesamtzahl der auftretenden Gruppen mit jeweils denselben Verbundwerten (Bindungsgruppen) einzusetzen und für t_i die Anzahl der gleichgroßen Werte innerhalb jeder Gruppe (vgl. Kapitel IV, R oder T). Sind also im gesamten Datensatz nur einmal zwei Werte innerhalb einer Zeile gleich groß, so ist $m = 1$ und $t_i = 2$.

Manche Statistiker berechnen eine andere Prüfgröße und verwenden andere Tabellen zum Nachschlagen der Irrtumswahrscheinlichkeit, was aber am Ergebnis nicht viel ändert.

Vorausgesetzt wird stets, daß die Individuen, von denen die Stichproben stammen, jeweils nur einmal untersucht werden (*wechselseitige Unabhängigkeit*). Es können grundsätzlich nur zweiseitige Fragestellungen geprüft werden.

Liefert der Friedman-Test ein signifikantes Ergebnis, so zeigt das nur, daß sich mindestens eine Stichprobe von den übrigen unterscheidet. Will man die Unterschiede genauer analysieren, sind Einzelvergleiche erforderlich. Da dabei dieselben Daten nochmals verwendet werden, ist die wiederholte Durchführung des *Wilcoxon-Tests* (→ Kapitel IV, I) ohne Korrektur des Signifikanzniveaus nicht zulässig (vgl. Kapitel V).

Zwei Stichproben a und b sind auf dem schon beim vorgeschalteten Friedman-Test verwendeten Signifikanzniveau α unterschiedlich, falls sie die folgende Ungleichung erfüllen

$$|S_a - S_b| \geq z_{\frac{\alpha}{K(K-1)}} \sqrt{\frac{Nk(k+1)}{6}}$$

Die Werte für z sind der Tabelle 11 zu entnehmen. Als Beispiel für die $k(k-1)/2 = 6$ Einzelvergleiche wird exemplarisch die Sommer- mit der Winterstichprobe verglichen.

$$|S_{Sommer} - S_{Winter}| = |12 - 3| = 9$$

$$z_{\frac{0,05}{4*3}} \sqrt{\frac{3*4*5}{6}} = 2,636 * \sqrt{10} = 8,336$$

Da $9 \geq 8,336$ steht nunmehr fest, daß sich die Sommersprossenzahlen von Golzen im Sommer signifikant von denen im Winter unterscheiden. Golze haben im Sommer mehr Sommersprossen als im Winter.

Falls eine der Stichproben eine Kontrollgröße darstellt, gegen die alle übrigen Stichproben getestet werden sollen, muß man dies bei den Einzelvergleichen berücksichtigen. Die genaue Vorgehensweise ist im Bedarfsfall der einschlägigen Literatur zu entnehmen (z.B. [26]).

R. Kruskal-Wallis-Test (H-Test, Einfaktorielle Rangvarianzanalyse)

Der Kruskal-Wallis-Test untersucht, ob sich von mehreren Ordinaldaten-Stichproben mindestens eine in ihrem Median von den übrigen unterscheidet. Es ist eine Verallgemeinerung des *Mann-Whitney U-Tests* (→ Kapitel IV, J) für zwei auf beliebig viele unabhängige Stichproben.

Beispiel: Im Wiruwaruwolz wurden Gewichtsschätzungen (von I=fast durchsichtig bis X=kurz vor dem Platzen) an dort beobachteten Golzen, Finguren und Flügelflageln durchgeführt. Es stellt sich die Frage, ob der Ernährungszustand der drei Arten identisch ist.

H_0: Golze, Finguren und Flügelflagel unterscheiden sich in ihrem Ernährungszustand nicht.

H_1: Zumindest eine der drei Arten ist besser oder schlechter ernährt als die übrigen (zweiseitiger Test).

In der nachfolgenden Tabelle sind die Beobachtungswerte (auf der linken Seite jeder Spalte) und die ihnen zugeordneten Rangplätze (auf der rechten Seite jeder Spalte) dargestellt. Die Ränge werden für alle Daten gemeinsam vergeben; Beobachtungen mit gleich großen Werten erhalten einen Durchschnittsrang.

Wie macht man das?

	Golze	Finguren	Flügelflagel
Anzahl der Beobachtungen	$n_1 = 5$	$n_2 = 3$	$n_3 = 4$
	V	I	II
	5	1	2
	VI	III	IX
	6,5	3	10,5
	VI	IV	IX
	6,5	4	10,5
	VII		X
	8		12
	VIII		
	9		
Spaltensumme der Ränge S_i	35	8	35

Die Prüfgröße H errechnet sich unter Berücksichtigung der Stichprobenanzahl $k = 3$, der Gesamtzahl aller beobachteten Fälle $N = n_1 + n_2 + n_3 = 12$ und den Spaltensummen der Ränge S_i folgendermaßen

$$\begin{aligned} H &= \left(\frac{12}{N(N+1)} \sum_{i=1}^{k} \frac{S_i^2}{n_i} \right) - 3(N+1) \\ &= \left(\frac{12}{12 * (12+1)} \sum_{i=1}^{3} \frac{S_i^2}{n_i} \right) - 3 * (12+1) \\ &= 5,045 \end{aligned}$$

Liegen wie in diesem Fall *Verbundwerte* mit Durchschnittsrängen vor, so sollte dies bei der Berechnung der Prüfgröße berücksichtigt werden, indem man das Ergebnis noch durch den folgenden Term dividiert

$$1 - \frac{\sum_{j=1}^{m} (t_j^3 - t_j)}{N^3 - N}$$

Dabei steht m für die Gesamtzahl der auftretenden Gruppen mit jeweils denselben Verbundwerten (Bindungsgruppen) und t_i für die Anzahl der gleichgroßen Werte innerhalb jeder Gruppe. Für das Beispiel errechnet sich also mit $m = 2$ (zweimal treten Verbundwerte auf), $t_1 = 2$ (zweimal Rang 6,5) und $t_2 = 2$

(zweimal Rang 10,5) die Prüfgröße $H = 5,045/0,993 = 5,081$. Tabelle 12 zeigt, daß diesem Wert von H eine Irrtumswahrscheinlichkeit $0,1 > p > 0,05$ zugeordnet werden kann. Das bedeutet, bei einem Signifikanzniveau von 5% kann nicht von einem signifikanten Unterschied gesprochen werden; die Nullhypothese wird beibehalten.

Ist die Stichprobengröße oder -anzahl größer als die in Tabelle 12 aufgeführten Fälle, so läßt sich Tabelle 3 (mit $FG = k - 1$ Freiheitsgraden) verwenden, da die Prüfgröße H dann annähernd wie Chi-Quadrat verteilt ist.

Allen Variablen für diesen Test muß eine *kontinuierliche/stetige Verteilung* (vgl. Kapitel IV, K) zugrundeliegen. Es können grundsätzlich nur zweiseitige Fragestellungen geprüft werden.

Liefert der Kruskal-Wallis-Test ein signifikantes Ergebnis, so zeigt das nur, daß sich mindestens eine Stichprobe von den übrigen unterscheidet. Will man die Unterschiede genauer analysieren, sind Einzelvergleiche erforderlich. Da dabei dieselben Daten nochmals verwendet werden, ist die wiederholte Durchführung des Mann-Whitney U-Tests ohne Korrektur des Signifikanzniveaus nicht zulässig (vgl. Kapitel V).

Zwei Stichproben a und b unterscheiden sich auf dem Signifikanzniveau α, falls sie die folgende Ungleichung erfüllen

$$\left|\frac{S_a}{n_a} - \frac{S_b}{n_b}\right| \geq z_{\frac{\alpha}{K(K-1)}} \sqrt{\frac{N(N+1)}{12}\left(\frac{1}{n_a} + \frac{1}{n_b}\right)}$$

Die Werte für z sind der Tabelle 11 zu entnehmen. Da im Beispiel kein signifikanter Unterschied zwischen den drei Stichproben nachgewiesen werden konnte, erübrigen sich alle nachfolgenden Einzelvergleiche. Die Anwendung einer ähnlichen Formel wird jedoch beim *Friedman-Test* (→ Kapitel IV, Q) demonstriert.

Falls eine der Stichproben eine Kontrollgröße darstellt, gegen die alle übrigen Stichproben getestet werden sollen, muß man dies bei den Einzelvergleichen berücksichtigen. Die genaue Vorgehensweise ist im Bedarfsfall der einschlägigen Literatur zu entnehmen (z.B. [4] oder [26]).

S. Pearson's Maßkorrelationskoeffizient (Produktmoment-Korrelationskoeffizient)

Der Maßkorrelationskoeffizient nach Brevais und Pearson dient dazu, die Beziehung (‚je-desto‘) zwischen zwei normalverteilten Variablen, die Intervalldatenniveau besitzen, zu beschreiben.

BEISPIEL: Es soll untersucht werden, ob bei Flügelflageln ein Zusammenhang zwischen der Flügellänge und der Gaustergeschwindigkeit besteht. Dazu wurden diese beiden Variablen an insgesamt acht Individuen gemessen.

Wie macht man das?

H_0: Bei Flügelflageln besteht keinerlei Beziehung zwischen der Flügellänge und der Gaustergeschwindigkeit.

H_1: Es läßt sich ein (positiver oder negativer) Zusammenhang zwischen der Flügellänge und der Gaustergeschwindigkeit feststellen (zweiseitiger Test).

Die gemesssenen Daten und daraus errechnete Werte sind in der folgenden Tabelle zusammengefaßt:

Individuum	Flügellänge x_i	Gaustergeschwindigkeit y_i	$x_i - \overline{x}$	$y_i - \overline{y}$	$(x_i - \overline{x}) * (y_i - \overline{y})$	$(x_i - \overline{x})^2$	$(y_i - \overline{y})^2$
A	13	50	-0,5	3,75	-1,875	0,25	14,0625
B	16	54	2,5	7,75	19,375	6,25	60,0625
C	11	30	-2,5	-16,25	40,625	6,25	264,0625
D	12,5	41	-1,0	-5,25	5,25	1	27,5625
E	10	34	-3,5	-12,25	42,875	12,25	150,0625
F	18	66	4,5	19,75	88,875	20,25	390,0625
G	13,5	48	0	1,75	0	0	3,0625
H	14	47	0,5	0,75	0,375	0,25	0,5625
Mittelwert	13,5	46,25		$\sum$	195,5	46,5	909,5

Der Maßkorrelationskoeffizient r errechnet sich dann gemäß folgender Formel

$$r = \frac{\sum (x_i - \overline{x})(y_i - \overline{y})}{\sqrt{\sum (x_i - \overline{x})^2 * \sum (y_i - \overline{y})^2}} = \frac{195,5}{\sqrt{46,5 * 909,5}} = 0,951$$

Der Korrelationskoeffizient kann Werte zwischen -1,0 und +1,0 annehmen. Negative Werte (*negative Korrelation*) bedeuten, daß y kleiner wird, je größer x wird. Umgekehrt zeigen positive Werte (*positive Korrelation*) an, daß mit einer Zunahme von x auch eine Zunahme von y verbunden ist. Besteht kein linearer Zusammenhang zwischen x und y, hat der Korrelationskoeffizient einen Wert von 0, während ein Wert von ± 1 anzeigt, daß alle Punkte auf einer Geraden liegen.

Der im Beispiel errechnete Korrelationskoeffizient von $r = 0,951$ weist also auf eine starke positive Korrelation hin. Das bedeutet, je länger die Flügel der Flügelflagel sind, desto größer ist die Gaustergeschwindigkeit.

Der quadrierte Korrelationskoeffizient r^2, das sogenannte *Bestimmtheitsmaß*, gibt an, welcher Prozentsatz der Varianz der beiden Variablen auf Wechselwirkungen zwischen ihnen zurückgeführt werden kann. Im Beispiel sind dies $r^2 = 0,951^2 = 90,4\%$ der Gesamtvarianz; die übrigen 9,6% müssen folglich andere Ursachen haben.

Der (quadrierte) Korrelationskoeffizient sagt zwar etwas über den Grad des Zusammenhanges aus, aber nichts über die Ursachen. Findet man also eine Beziehung zwischen zwei Variablen, so kann eine einseitige (y hat keinen Einfluß auf x), wechselseitige, indirekte (über eine dritte Variable) oder zwangsläufige (falls sich die beiden untersuchten Variablen z.B. stets zu 100% ergänzen) Abhängigkeit vorliegen. Welche kausale Beziehung im konkreten Fall vorliegt, läßt sich häufig gar nicht klären.

Mit einer gewissen Wahrscheinlichkeit findet man einen Zusammenhang zwischen zwei Variablen rein zufällig. Je kleiner die Stichprobe ist, desto eher tritt dieser Fall auf. Daher sollte man den Korrelationskoeffizienten unter Zuhilfenahme von Tabelle 13 auf Sigifikanz prüfen. Für das Beispiel (Stichprobengröße $N = 8$) ergibt sich für den zweiseitigen Test eine Irrtumswahrscheinlichkeit von $p < 0,001$. Es gibt also (bezogen auf ein Signifikanzniveau von 5%) eine signifikante, positive Korrelation zwischen der Flügellänge und der Gaustergeschwindigkeit bei Flügelflageln (Alternativhypothese).

Der Pearsonsche Maßkorrelationskoeffizient setzt voraus, daß zwischen den beiden Variablen ein linearer Zusammenhang besteht. Ist das nicht der Fall, so kann der Korrelationskoeffizient irreführende Ergebnisse liefern. Daher sollte man die zu untersuchende Beziehung am besten zuerst in einer Grafik betrachten.

Im Gegensatz zum *Spearman Rang-Korrelationkoeffizient* (→ Kapitel IV, T) reagiert der Maßkorrelationskoeffizient recht empfindlich auf einzelne Extremwerte (Ausreißer). Dafür ist er schon mit einer geringeren Stichprobengröße in der Lage, einen bestehenden Zusammenhang zwischen zwei Variablen nachzuweisen.

Für den Signifikanztest wird vorausgesetzt, daß den Daten eine Normalverteilung (genauer gesagt, eine bivariate Normalverteilung) zugrunde liegt.

T. Spearman Rang-Korrelationskoeffizient

Mit Hilfe des Spearman Rang-Korrelationskoeffizienten läßt sich die Beziehung (‚je-desto') zwischen zwei Variablen, die mindestens Ordinalniveau haben, untersuchen.

BEISPIEL: Gibt es einen Zusammenhang zwischen dem Alter von Golzen und ihrer täglichen Gutzdauer? Zur Beantwortung dieser Frage wurde von $N = 8$ Golzen das Alter (eingeteilt in Altersklassen von I bis V) und ihre Gutzdauer bestimmt.

Wie macht man das?

H_0: Bei Golzen besteht keinerlei Beziehung zwischen ihrem Alter und der täglichen Gutzdauer.

H_1: Es läßt sich ein (positiver oder negativer) Zusammenhang zwischen Alter und Gutzdauer feststellen (zweiseitiger Test).

Den Werten der beiden Ausgangsvariablen (Altersklassen und Gutzdauer) werden — getrennt voneinander — Ränge zugeteilt. Der niedrigste Wert erhält jeweils die Rangnummer 1. Hat eine Variable mehrere gleichgroße Werte (wie hier die Altersklassen), so wird jeder dieser Bindungsgruppen ein Durchschnittsrang zugewiesen. Anschließend werden für jedes Individuum die Rangdifferenzen zwischen den beiden Variablen bestimmt. Die Quadrate aller Differenzen werden dann aufsummiert, wie anhand der folgenden Tabelle nachzuvollziehen ist:

Individuum	Altersklassen	Rang	Gutzdauer	Rang	Rangdifferenz D_i	D_i^2
A	I	1	35	8	7	49
B	II	2,5	31	7	-4,5	20,25
C	II	2,5	24	5	-2,5	6,25
D	III	4	25	6	2	4
E	IV	5	19	4	1	1
F	V	7	17	3	4	16
G	V	7	16	2	5	25
H	V	7	12	1	6	36
					$\sum$	157,5

Der Rang-Korrelationskoeffizient r_S errechnet sich dann gemäß folgender Formel:

$$r_S = \frac{(N^3 - N) - 0,5 * \sum (t_j^3 - t_j) - 0,5 * \sum (u_k^3 - u_k) - 6 * \sum D_i^2}{\sqrt{[(N^3 - N) - \sum (t_j^3 - t_j)] * [(N^3 - N) - \sum (u_k^3 - u_k)]}}$$

wobei N für die Stichprobengröße (Anzahl der untersuchten Individuen), t_j für die Anzahl gleicher Daten in jeder Bindungsgruppe der ersten Variable und u_k für die Anzahl der Verbundwerte in jeder Bindungsgruppe der zweiten Variable steht. In dem angeführten Beispiel lassen sich die einzelnen Teile der Formel somit folgendermaßen errechnen:

$$N^3 - N = 8^3 - 8 = 504$$

Bei der ersten Variable (Altersklassen) treten zwei Bindungsgruppen auf. Die eine umfaßt zwei Werte (zweimal Altersklasse II), die andere drei (dreimal Altersklasse V). Somit ist

$$\sum \left(t_j^3 - t_j\right) = \left(2^3 - 2\right) + \left(3^3 - 3\right) = 30$$

Die zweite Variable (Gutzdauer) hat lauter verschieden große Werte. Somit ist

$$\sum \left(u_k^3 - u_k\right) = 0$$

Zusammen mit der Summe der quadrierten Rangdifferenzen aus der obenstehenden Tabelle hat man nunmehr alle Zutaten um den Spearman Rangkorrelationskoeffizienten r_S berechnen zu können:

$$r_S = \frac{504 - 0,5 * 30 - 0,5 * 0 - 6 * 157,5}{\sqrt{[504 - 30] * [504 - 0]}} = -0,933$$

Der Rang-Korrelationskoeffizient r_S kann Werte zwischen -1,0 und +1,0 annehmen. Negative Werte (*negative Korrelation*) bedeuten, daß y kleiner wird, je größer x wird. Umgekehrt zeigen positive Werte (*positive Korrelation*) an, daß mit einer Zunahme von x auch eine Zunahme von y verbunden ist. Besteht keine Beziehung zwischen x und y, hat der Korrelationskoeffizient einen Wert von 0, während ein Wert von ± 1 einen perfekten Zusammenhang anzeigt.

Der im Beispiel errechnete Rang-Korrelationskoeffizient von $r_S = -0,933$ weist auf eine starke negative Korrelation hin. Je älter Golze also sind, desto weniger Zeit verbringen sie täglich mit dem Gutzen.

Treten bei beiden untersuchten Variablen keine Verbundwerte auf, so vereinfacht sich die Formel zur Berechnung von r_S erheblich:

$$r_S = 1 - \frac{6 * \sum D_i^2}{N^3 - N}$$

Die Signifikanz des gefundenen Korrelationskoeffizienten läßt sich in jedem Fall mit Hilfe der Tabelle 14 überprüfen. Für das Beispiel (Stichprobengröße $N = 8$) ergibt sich somit für den zweiseitigen Test eine Irrtumswahrscheinlichkeit von $0,005 > p > 0,002$. Es besteht also (bezogen auf ein Signifikanzniveau von 5%) eine signifikante, negative Korrelation zwischen dem Alter und der Gutzdauer von Golzen (Alternativhypothese).

Für Stichprobengrößen $N < 5$ besitzt r_S praktisch keine Aussagekraft mehr.

Der Rang-Korrelationskoeffizient setzt im Gegensatz zum *Pearsonschen Maßkorrelationskoeffizienten* (→ Kapitel IV, S) keinen linearen Zusammenhang zwischen den beiden Variablen voraus, sondern nur einen monoton steigenden oder fallenden.

V. Was könnte sonst noch wichtig sein?

There are lies, damn lies, and statistics.
MARK TWAIN

In diesem Kapitel geht es um einige nützliche Zusatzinformationen. Der erste angesprochene Punkt sollte schon bei der Datensammlung beachtet werden, während die nächsten beiden erst am Ende einer statistischen Analyse interessant werden. Das Kapitel schließt mit einem Ausblick auf einige neuere computergestützte Testverfahren.

Fast alle statistischen Tests setzen voraus, daß die einzelnen Daten einer Stichprobe voneinander im selben Ausmaß unabhängig sind. Diese Voraussetzung wird häufig durch einen Fehler verletzt, den man als *pooling* oder *Pseudo-Replikation* bezeichnet. Dabei treten die Daten einzelner Individuen (Untersuchungsobjekte) mehrmals in derselben Stichprobe auf. Da man aber im Normalfall davon ausgehen muß, daß die individuelle Variabilität geringer ist als die innerhalb der Population, führt diese Vorgehensweise zu einer Verzerrung der Ausgangsdaten. Machlis et al. [18] studierten mittels Computersimulationen die Auswirkungen des poolings. Sie stellten fest, daß dabei die Wahrscheinlichkeit eine korrekte Nullhypothese zu verwerfen (Fehler 1. Art) häufig größer ist als das angenommene Signifikanzniveau α. Daher empfehlen sie, falls von einem Individuum mehrere Meßwerte vorliegen, den Median/Mittelwert davon in der Stichprobe zu verwenden. Dadurch verkleinert sich zwar die Stichprobengröße, aber jedes Individuum ist nur einmal repräsentiert. Beal & Khamis [2] raten bei demselben Problem dazu, relative anstelle absoluter Häufigkeiten von Ereignissen mittels einer Varianzanalyse für wiederholte Messungen (abhängige Stichproben) auszuwerten.

Leger & Didrichsons [16] relativieren diese strengen Ansichten etwas. Anhand ihrer Untersuchungsergebnisse kommen sie zu dem Schluß, daß pooling nicht zu Fehlern führt, falls von allen Individuen gleichviele Replikationen verwendet werden, oder aber die individuelle Varianz größer ist als die innerhalb der Population.

Probleme ergeben sich auch, wenn man (mit denselben Daten) mehrere Tests durchführt. Bei einem Signifikanzniveau von 5% ist — definitionsgemäß — rein zufällig jeder zwanzigste durchgeführte statistische Test signifikant. Ein realistisches Beispiel gibt Rice [21]: Untersucht man alle möglichen paarweisen Korrelationen von fünf Variablen, so erhält man zehn Korrelationskoeffizienten. Die zufällige Wahrscheinlichkeit, daß einer davon auf dem 5%-Niveau signifikant ist, beträgt stolze 40%. Daraus wird deutlich, daß das Signifikanzniveau α der Anzahl k der durchgeführten Tests angepaßt werden muß. Am einfachsten geschieht dies mittels der *Standard Bonferroni-Technik.* Das neue Signifikanzniveau, mit dem alle Testergebnisse verglichen werden, berechnet sich zu α/k (alternativ dazu kann — unter Beibehaltung des Signifikanzniveaus — jede ermittelte Irrtumswahrscheinlichkeit mit der Anzahl der durchgeführten Tests multipliziert werden). Diese Vorgehensweise ist allerdings sehr konservativ, das heißt, die Stärke der durchgeführten Tests geht deutlich zurück. Als Ausweg bietet sich sie *Sequentielle Bonferroni-Technik* an. Bei ihr werden die Irrtumswahrscheinlichkeiten der durchgeführten Tests der Größe nach geordnet. Der kleinste p-Wert wird dann mit einem neuen Signifikanzniveau von α/k verglichen, der zweitkleinste mit einem Signifikanzniveau von $\alpha/(k-1)$ und so weiter.

Daneben gibt es eine Reihe weiterer Techniken das Signifikanzniveau an die Anzahl der durchgeführten Tests anzupassen, über die die einschlägige Literatur bereitwillig Auskunft gibt. Leider gibt es aber keine objektiven Entscheidungsgrundlagen, wieviele Tests bei der Anpassungberücksichtigt werden sollen (vgl. [6]). Mit Sicherheit sollte es aber immer dann getan werden, wenn mit denselben Daten mehrere Tests durchgeführt werden. Der am häufigsten auftretende Fall sind — wie im Beispiel oben — paarweise Einzelvergleiche von mehreren Stichproben. Vielfach gibt es hierfür aber auch spezielle Verfahren im Anschluß an einen Test über alle Stichproben. Näheres findet sich bei der *einfaktoriellen Varianzanalyse* (→ Kapitel IV, O), dem *Friedman-Test* (→ Kapitel IV, Q) und dem *Kruskal-Wallis-Test* (→ Kapitel IV, R).

Manchmal steht man vor dem Problem, die Irrtumswahrscheinlichkeiten von mehreren vergleichbaren statistischen Aussagen (getestet wurde jeweils dieselbe Hypothese), die man unter Umständen mit verschiedenen Tests errechnet hat, zu einer einzigen zusammenzufassen (*Agglutinationstests*). Dafür gibt es Verfahren, die allerdings von Fall zu Fall stark variieren, weshalb sie hier nicht näher dargestellt werden. Wer sich dafür interessiert, findet beispielsweise in [4, 12] oder [27] Genaueres.

Als letztes sollen noch vier moderne Analyseverfahren angesprochen werden, die sich auch noch in Fällen anwenden lassen, in denen die Voraussetzungen für andere statistische Tests nicht mehr erfüllt sind. Allen gemeinsam ist ein relativ hoher Rechenaufwand, der den Einsatz eines Computers beinahe unumgänglich macht. Da die genaue Vorgehensweise in jedem Anwendungsfall etwas unterschiedlich aussieht, werden hier nur kurz die Grundideen der Verfahren skizziert. Weitere Einzelheiten sind im Bedarfsfall der einschlägigen Literatur zu entnehmen. Einen guten Einstieg hierzu bietet beispielsweise [8].

Bei *Permutations-* oder *Randomisierungstests* wird die Irrtumswahrscheinlichkeit in mehreren Schritten bestimmt. Der aus den gesammelten Daten berechnete Wert q der Prüfgröße ist nur ein mögliches Ergebnis, das sich mit einer gewissen Wahrscheinlichkeit auch rein zufällig ergibt. Indem man die vorliegenden

Daten immer wieder neu anordnet (beispielsweise zufällig verschiedenen Stichproben zuweist oder ihre Reihenfolge vertauscht), lassen sich weitere mögliche Werte der Prüfgröße ermitteln. Die Häufigkeitsverteilung dieser verschiedenen Werte ist (definitionsgemäß, vgl. Kapitel I) die Stichprobenverteilung, mit deren Hilfe die Irrtumswahrscheinlichkeit von q bestimmt werden kann. Wenn der Stichprobenverteilung alle möglichen Anordnungen (Permutationen) der Ausgangsdaten zugrunde liegen, spricht man von einem *exakten Permutationstest*; ansonsten von einem *Randomisierungstest.*

Auch beim sogenannten *Bootstrap-Verfahren* werden wiederholt verschiedene Stichproben der Größe N aus den N Originaldaten gebildet. Im Gegensatz zu den vorher genannten Tests kann aber derselbe Datenpunkt mehrfach in einer solchen Zufallsstichprobe auftauchen (im bekannten Urnenexperiment: Ziehen mit Zurücklegen).

Bei der parametrischen *Jackknife-Prozedur* entspricht der Umfang der zufällig gebildeten Stichproben nicht mehr dem der Ausgangsdaten. Statt dessen wird bei der wiederholten Berechnung von Pseudowerten jeweils eine andere Beobachtung aus den Originaldaten weggelassen. Der Mittelwert aller Pseudowerte ergibt dann die Jackknife-Schätzung für einen Parameter, zu der sich auch noch die Varianz und ein Vertrauensbereich angeben lassen.

Alle *Monte Carlo Verfahren* basieren auf der Annahme, daß den beobachteten Daten ein spezieller Zufallsprozeß (z.B. binomialer Münzwurf) zugrunde liegt. Mittels eines geeigneten Simulationsmodells werden sodann viele Zufallsstichproben erzeugt und wie beim Permutations- oder Randomisierungstest ausgewertet. Nur bei diesem Verfahren werden zur Auswertung neue Daten generiert, alle übrigen recyclen die vorhandenen.

VI. Wie war das? (Weiterführende Fragen)

The answer is twelve? I must be in the wrong book.
CHARLES SCHULTZ

1. In Kapitel I wurde eine einseitige Fragestellung formuliert:
   H_0: Männliche Sägeschwäne (*Cygnus serratus*) sind nicht schwerer als weibliche; das heißt, die Weibchen wiegen mindestens so viel wie die Männchen.
   H_1: Männliche Sägeschwäne sind schwerer als die Weibchen der Art.
   Wie lautet die entsprechende zweiseitige Fragestellung?

2. In der Einleitung zu Kapitel III wurde darauf hingewiesen, daß von mehreren möglichen Tests immer derjenige zur Anwendung kommen sollte, der das Maximum der in den Daten enthaltenen Informationen berücksichtigt. Sowohl mit dem Vorzeichentest als auch mit dem Wilcoxon-Test lassen sich zwei abhängige Stichproben mit Ordinaldaten auf Unterschiede prüfen. Welchen Test sollte man im Zweifelsfall auswählen, und warum?

3. Bei einer Untersuchung von 20 Schattennattern (*Natrix umbratica*) stellt sich heraus, daß 75% von ihnen Weibchen sind. Ist dies eine signifikante Abweichung von einem ausgeglichenen Geschlechterverhältnis oder könnte es sich auch um einen Zufall handeln?

4. Eine der Voraussetzungen für die ordnungsgemäße Anwendung des *t-Tests* ist die Varianzhomogenität der Stichproben. Man prüfe diese bei den in Kapitel IV, M verwendeten Beispielsdaten.

5. Aufgrund eines signifikanten Testergebnisses (z.B. *einfaktorielle Varianzanalyse*, *Friedman-Test*, *Kruskal-Wallis-Test*) weiß man, daß sich mindestens eine von vier Stichproben von den übrigen unterscheidet. Um herauszufinden, welche Stichproben für dieses Ergebnis verantwortlich sind, führt man die $k = 6$ möglichen Einzelvergleiche durch und erhält die folgenden Irrtumswahrscheinlichkeiten:

   0,0025 0,012 0,0122 0,02 0,025 0,27

   Welche davon können auf einem (Ausgangs-)Signifikanzniveau von $\alpha = 5\%$ bei Anwendung der *Standard Bonferroni-Technik*, beziehungsweise der *Sequentiellen Bonferroni-Technik* (siehe Kapitel V) als signifikant bezeichnet werden?

6. Die Varianzanalyse setzt unter anderem voraus, daß alle Stichproben homogene Varianzen besitzen. Ist das bei den im Kapitel IV, O verwendeten Beispieldaten der Fall?

   Hinweis: Näherungsweise läßt sich auch die Varianzhomogenität verschieden großer Stichproben mit dem F_{max}-*Test* (→ Kapitel IV, P) testen. In diesem Fall wird die Anzahl der Freiheitsgrade der kleineren Stichprobe zum Ablesen aus der Tabelle 9 verwendet.

7. Die *ANOVA* (→ Kapitel IV, O) stellte einen signifikanten Unterschied zwischen den drei Stichproben ihres Beispiels fest ($0,025 > p > 0,01$). Welche der untersuchten Populationen unterscheiden sich im einzelnen?

   Hinweis: Am einfachsten verwende man hier vorgestellte Verfahren.

8. Man möchte wissen, ob sich von mehreren abhängigen, beziehungsweise unabhängigen, unterschiedlich großen Stichproben (Intervalldatenniveau) mindestens eine in ihrer zentralen Tendenz (vgl. Lageparameter → Kapitel IV, A) von den übrigen unterscheidet. Es stellt sich jedoch heraus, daß die Stichproben nicht normalverteilt sind und/oder keine homogenen Varianzen besitzen, weshalb die einfaktorielle Varianzanalyse nicht angewendet werden darf. Was hat man für Alternativen?

9. Bei der Vorstellung des F_{max}-*Tests* (→ Kapitel IV, P) wurde ein signifikanter Unterschied zwischen den drei Stichproben festgestellt. Welche der untersuchten Arten unterscheiden sich im einzelnen?

   Hinweis: Bonferroni (siehe Kapitel V) war ein guter Mann, den niemand richtig leiden kann.

10. Bei der Vorstellung des *Friedman-Tests* (→ Kapitel IV, L) wurde nur einer der sechs möglichen Einzelvergleiche vorgerechnet. Dieses Versäumnis soll nun nachgeholt werden. Zwischen welchen Jahreszeiten bestehen signifikante Unterschiede ($\alpha = 0,05$)?

11. Der *Pearsonsche Maßkorrelationskoeffizient* (→ Kapitel IV, S) und der *Spearman Rang-Korrelationskoeffizient* (→ Kapitel IV, T) lassen sich auch dazu verwenden, eine Stichprobe auf einen monotonen Trend (steigend oder fallend) zu untersuchen. Dazu wird die zeitliche Abfolge der Messungen als Rangreihe aufgefaßt.

    Man hat den Verdacht, daß Gelbhalskrähen (*Corvus flavicollis*) ihr Gewicht mit zunehmendem Alter verändern und sammelt dazu die folgenden Daten:

Alter in Jahren	1	2	3	4	5	6
durchschnittliches Gewicht	16	15	12	13	11	9

Läßt sich ein monotoner Trend nachweisen?

12. Bei zwei verschiedenen Populationen von Torfmullen (*Cryptomys nigripes*) wurde jeweils bei verschiedenen Individuen bestimmt, wieviel Prozent der Körperoberfläche tatsächlich mit Torf bedeckt war. Die Daten sind in der nachfolgenden Tabelle dargestellt:

Population 1	40	95	5	30	15	45	35	20	
Population 2	100	95	80	75	95	90	100	95	100

Unterscheiden sich die beiden Populationen hinsichtlich ihrer Torfbedeckung?

Antworten

1. Die entsprechende zweiseitige Fragestellung lautet:
H_0: Männliche und weibliche Sägeschwäne (*Cygnus serratus*) sind gleich schwer.
H_1: Bei Sägeschwänen unterscheiden sich die Geschlechter im Gewicht.

2. Während der hier nicht näher besprochene *Vorzeichentest* nur die Richtung des Unterschieds zwischen den beiden Stichproben berücksichtigt, reflektiert die Prüfgröße T des Wilcoxon-Tests (→ Kapitel IV, I) auch dessen Größe. Je größer die Differenz zwischen den beiden Stichproben ist, desto größer wird auch T. Somit berücksichtigt der *Wilcoxon-Test* mehr Informationen aus den Stichproben als der Vorzeichentest und sollte, sofern man die Wahl hat, angewandt werden.

3. Es gibt mindestens drei verschiedene Möglichkeiten, die Frage zu beantworten. Beispielsweise mit Hilfe des *Binomialtests* (→ Kapitel IV, B; $x = 5$; $p = 0,021$; einseitiger Test) oder des *Chi-Quadrat-Anpassungstests* mit Stetigkeitskorrektur (→ Kapitel IV, D; $\chi^2 = 4,05$; $FG = 1$; $0,05 > p > 0,01$; zweiseitiger Test) oder des *G-Tests als Anpassungstest* (→ Kapitel IV, E; $G_{adj} = 5,105$; $FG = 1$; $0,05 > p > 0,01$; zweiseitiger Test). Erfreulicherweise liefern alle Tests dasselbe Resultat: die Abweichung kann nicht durch den Zufall erklärt werden; die beiden Geschlechter treten (bezogen auf ein Signifikanzniveau von 5%) unterschiedlich häufig auf.

4. Die Varianzhomogenität wird mit Hilfe des *F-Tests* (→ Kapitel IV, N) überprüft. Im Beispiel ist $s_2^2 > s_1^2$, weshalb

$$F_{9,6} = \frac{s_2^2}{s_1^2} = \frac{2819,878}{1845,143} = 1,528$$

Dieser Wert ist kleiner als der in der Tabelle 8 angegebene (4,10 für $p \leq 0,1$; zweiseitiger Test). Somit steht fest, daß die Nullhypothese nicht verworfen werden kann ($p > 0,1$). Der *t-Test* darf mit den angegebenen Daten durchgeführt werden.

5. Bei Anwendung der *Standard Bonferroni-Technik* wird das (Ausgangs-) Signifikanzniveau auf $\alpha/k = 0,05/6 = 0,0083$ gesenkt. Somit ist nur noch die kleinste Irrtumswahrscheinlichkeit ($p = 0,0025$) signifikant.

Die *Sequentielle Bonferroni-Technik* vergleicht jede Irrtumswahrscheinlichkeit p mit einem anderen Signifikanzniveau α':

p	0,0025	0,012	0,0122	0,02	0,025	0,27
α'	0,0083	0,01	0,0125	0,0167	0,025	0,05

Signifikant ($p \leq \alpha'$) sind in diesem Fall die erste, die dritte und die fünfte Irrtumswahrscheinlichkeit, was eindrucksvoll demonstriert, daß die Sequentielle Bonferroni-Technik weniger konservativ ist als die Standard Bonferroni-Technik.

6. Die Varianzhomogenität wird mit Hilfe des F_{max}-*Tests* (→ Kapitel IV, P) überprüft:

$$F_{max} = \frac{11,2}{5,3} = 2,113; FG = 4; k = 3$$

Da mit einer Irrtumswahrscheinlichkeit von $p > 0,05$ die Nullhypothese nicht zurückgewiesen werden kann, darf die *Varianzanalyse* mit den angegebenen Daten durchgeführt werden.

7. Eine der Möglichkeiten, Einzelvergleiche im Anschluß an eine *Varianzanalyse* durchzuführen, sind *t-Tests* (→ Kapitel IV, M) unter Verwendung der *Standard Bonferroni-Technik* (siehe Kapitel V). Im Beispiel ergeben sich für die drei Paarvergleiche folgende Werte (zweiseitige Fragestellung):

Flügelflagel # Finguren	$t = 1,224$	$FG = 7$	$p > 0,1$
Flügelflagel # Golze	$t = 3,413$	$FG = 8$	$0,01 > p > 0,002$
Finguren # Golze	$t = 2,172$	$FG = 7$	$0,1 > p > 0,05$

Bei einem korrigierten Signifikanzniveau von $0,05/3 = 0,017$ besteht nur zwischen Flügelflageln und Golzen ein signifikanter Unterschied. Unter Einsatz der *Sequentiellen Bonferroni-Technik*, des *Student-Newman-Keuls-Tests*, des *Tukey-Tests* oder des *Scheffé-Tests* gelangt man zu demselben Ergebnis.

8. Sollten sich die Voraussetzungen für eine *ANOVA* (→ Kapitel IV, O) auch durch eine *Datentransformation* (siehe Kapitel II) nicht erfüllen lassen, kann man beispielsweise auf die entsprechenden nicht-parametrischen Tests (für Ordinaldaten) zurückgreifen. Im Fall der abhängigen Stichproben wäre das der *Friedman-Test* (→ Kapitel IV, Q) oder der *Page Test*, bei unabhängigen Stichproben der *Kruskal-Wallis-Test* (→ Kapitel IV, R), der *Jonckheere Test* oder die *Extension des Mediantests*.

9. Die drei möglichen Einzelvergleiche im Anschluß an den F_{max}-*Test* (→ Kapitel IV, P) werden mit dem *F-Test* (→ Kapitel IV, N) unter Verwendung der *Standard Bonferroni-Technik* (siehe Kapitel V) durchgeführt (zweiseitige Fragestellung):

Flügelflagel # Finguren	$F_{5,5} = 15,398$	$p \leq 0,01$
Flügelflagel # Golze	$F_{5,5} = 5,058$	$p > 0,1$
Finguren # Golze	$F_{5,5} = 3,044$	$p > 0,1$

Bei einem korrigierten Signifikanzniveau von $0,05/3 = 0,017$ besteht nur zwischen Flügelflageln und Finguren ein signifikanter Unterschied.

10. Ein signifikanter Unterschied läßt sich nur zwischen der Sommersprossenzahl im Sommer und im Winter nachweisen. In allen übrigen Fällen ist stets $|S_a - S_b| < 8,336$.

11. Die Berechnung des *Spearman Rang-Korrelationskoeffizienten* (→ Kapitel IV, T) enthüllt, daß sich bei Gelbhalskrähen (*Corvus flavicollis*) eine signifikante Veränderung des Gewichts mit zunehmendem Alter feststellen läßt ($r_S = -0,943$; $p = 0,02$; zweiseitiger Test). Je älter die Tiere sind, desto leichter sind sie.

12. Die gestellte Frage läßt sich durch den Einsatz verschiedener Tests beantworten. In Frage kommen beispielsweise der *Mann-Whitney U-Test* (→ Kapitel IV, J), der *Kolmogorov-Smirnov-Test* für zwei Stichproben (→ Kapitel IV, K), der *Cramér-von Mises Test*, der *Wald-Wolfowitz-Test* oder der *Randomisierungstest für unabhängige Stichproben.* Durch eine geeignete Transformation (z.B. arcsin $\sqrt{x}$) läßt sich eine zuvor nicht vorhandene Normalverteilung der Daten erreichen, wodurch auch der *t-Test* (→ Kapitel IV, M) angewendet werden kann. Mit allen Tests ergibt sich eine Irrtumswahrscheinlichkeit von $p < 0,01$. Dies bedeutet, daß sich die beiden Populationen (bezogen auf ein Signifikanzniveau von 5%) signifikant in ihrem Torfbedeckungsgrad unterscheiden.

    Von allen genannten Verfahren rechnen nur der *Randomisierungstest für unabhängige Stichproben* und der *t-Test* mit den Originaldaten und nicht mit deren Rängen. Die beiden Tests sind daher den übrigen vorzuziehen, da sie das Maximum der in den Daten enthaltenen Informationen berücksichtigen (vgl. Kapitel III).

VII. Tabellen

Tabelle 1: Binomialtest. Irrtumswahrscheinlichkeiten für einseitige Tests bei einer Stichprobengröße N und x selteneren Ereignissen. Die erwarteten Häufigkeiten p und q der beiden Kategorien müssen gleich sein ($p = q = 0,5$). Soll zweiseitig getestet werden, so ist der jeweilige Tabellenwert zu verdoppeln. Der Maximalwert beträgt jedoch in jedem Fall 1,0, auch wenn sich rechnerisch noch größere Irrtumswahrscheinlichkeiten ergeben. Bei Werten unter 1,0 sind nur die Nachkommastellen angegeben. Alle Irrtumswahrscheinlichkeiten sind auf drei Nachkommastellen gerundet; das heißt, Werte, die mit 0,000 aufgelistet sind, sind kleiner als 0,0005. .... **S. 84**

Tabelle 2: Kolmogorov-Smirnov-Anpassungstest. Werte der Prüfgröße D für ausgewählte Irrtumswahrscheinlichkeiten bei einer gegebenen Stichprobengröße N für ein- und zweiseitige Fragestellungen. Ist der berechnete Wert von D größer als der in der Tabelle angegebene, so ist die Irrtumswahrscheinlichkeit kleiner als der entsprechende, in den beiden obersten Zeilen angegebene p-Wert. **S. 85**

Tabelle 3: Chi-Quadrat-Test und G-Test. Werte der Prüfgröße χ^2 für ausgewählte Irrtumswahrscheinlichkeiten bei einer gegebenen Anzahl von Freiheitsgraden FG. Ist der berechnete Wert von χ^2 (bzw. G_{adj}) größer als der in der Tabelle angegebene, so ist die Irrtumswahrscheinlichkeit kleiner als der entsprechende, in der obersten Zeile angegebene p-Wert. .... **S. 86**
Anmerkungen zum Chi-Quadrat-(Anpassungs-)Test für Interessierte:
1. Obwohl die Prüfgröße aus Vereinfachungsgründen χ^2 genannt wurde, ist sie genaugenommen nur annähernd Chi-Quadrat verteilt.
2. Tabelliert sind die Grenzwerte für den einseitigen Test, da man nur überprüfen möchte, ob die Beobachtungswerte *obs* und die Erfahrungswerte *exp* nicht übereinstimmen. Die zweite Möglichkeit, daß sie besser als erwartet übereinstimmen, wird ignoriert. Dennoch handelt es sich um einen zweiseitigen Test, da durch das Quadrieren der Abweichungen $(obs - exp)^2$ sowohl Häufigkeiten die über, als auch solche die unter dem Erwartungswert liegen, zur Vergrößerung des Werts der Prüfgröße beitragen.

Tabelle 4: Wilcoxon-Test. Werte der Prüfgröße T für ausgewählte Irrtumswahrscheinlichkeiten bei einer gegebenen Stichprobengröße N für ein- und zweiseitige Fragestellungen. Ist der berechnete Wert von T kleiner als der in der Tabelle angegebene, so ist die Irrtumswahrscheinlichkeit kleiner als der entsprechende, in den beiden obersten Zeilen angegebene p-Wert. .... **S. 87**

Tabelle 5 (a-d): Mann-Whitney U-Test. Werte der Prüfgröße U für ausgewählte Irrtumswahrscheinlichkeiten bei gegebenen Stichprobengrößen N_a (größere Stichprobe) und N_b (kleinere Stichprobe). Ist der berechnete Wert von U kleiner als

Tabelle 1: ***Binominaltest***

N	x = 0	1	2	3	4	5	6	7	8	9	10	11	12	13	14	15	16	17
4	062	312	688	938	1,0													
5	031	188	500	812	969	1,0												
6	016	109	344	656	891	984	1,0											
7	008	062	227	500	773	938	992	1,0										
8	004	035	145	363	637	855	965	996	1,0									
9	002	020	090	254	500	746	910	980	998	1,0								
10	001	011	055	172	377	623	828	945	989	999	1,0							
11	000	006	033	113	274	500	726	887	967	994	999	1,0						
12	000	003	019	073	194	387	613	806	927	981	997	999	1,0					
13	000	002	011	046	133	291	500	709	867	954	989	998	999	1,0				
14	000	001	006	029	090	212	395	605	788	910	971	994	999	999	1,0			
15	000	000	004	018	059	151	304	500	696	849	941	982	996	999	999	1,0		
16	000	000	002	011	038	105	227	402	598	773	895	962	989	998	999	999	1,0	
17	000	000	001	006	025	072	166	315	500	685	834	928	975	994	999	999	999	1,0
18	000	000	001	004	015	048	119	240	407	593	760	881	952	985	996	999	999	999
19	000	000	000	002	010	032	084	180	324	500	676	820	916	968	990	998	999	999
20	000	000	000	001	006	021	058	132	252	412	588	748	868	942	979	994	999	999
21	000	000	000	001	004	013	039	095	192	332	500	668	808	905	961	987	996	999
22	000	000	000	000	002	008	026	067	143	262	416	584	738	857	933	974	992	998
23	000	000	000	000	001	005	017	047	105	202	339	500	661	798	895	953	983	995
24	000	000	000	000	001	003	011	032	076	154	271	419	581	729	846	924	968	989
25	000	000	000	000	000	002	007	022	054	115	212	345	500	655	788	885	946	978

Nach [26].

Tabelle 2: ***Kolmogorov-Smirnov-Anpassungstest***

p	einseitig	0,1	0,05	0,025	0,01	0,005
	zweiseitig	0,2	0,1	0,05	0,02	0,01
N	1	0,900	0,950	0,975	0,990	0,995
	2	0,684	0,776	0,842	0,900	0,929
	3	0,565	0,636	0,708	0,785	0,829
	4	0,493	0,565	0,624	0,689	0,734
	5	0,447	0,509	0,563	0,627	0,669
	6	0,410	0,468	0,519	0,577	0,617
	7	0,381	0,436	0,483	0,538	0,576
	8	0,358	0,410	0,454	0,507	0,542
	9	0,339	0,387	0,430	0,480	0,513
	10	0,323	0,369	0,409	0,457	0,489
	11	0,308	0,352	0,391	0,437	0,468
	12	0,296	0,338	0,375	0,419	0,449
	13	0,285	0,325	0,361	0,404	0,432
	14	0,275	0,314	0,349	0,390	0,418
	15	0,266	0,304	0,338	0,377	0,404
	16	0,258	0,295	0,327	0,366	0,392
	17	0,250	0,286	0,318	0,355	0,381
	18	0,244	0,279	0,309	0,346	0,371
	19	0,237	0,271	0,301	0,337	0,361
	20	0,232	0,265	0,294	0,329	0,352
	21	0,226	0,259	0,287	0,321	0,344
	22	0,221	0,253	0,281	0,314	0,337
	23	0,216	0,247	0,275	0,307	0,330
	24	0,212	0,242	0,269	0,301	0,323
	25	0,208	0,238	0,264	0,295	0,317
	26	0,204	0,233	0,259	0,290	0,311
	27	0,200	0,229	0,254	0,284	0,305
	28	0,197	0,225	0,250	0,279	0,300
	29	0,193	0,221	0,246	0,275	0,295
	30	0,190	0,218	0,242	0,270	0,290
	31	0,187	0,214	0,238	0,266	0,285
	32	0,184	0,211	0,234	0,262	0,281
	33	0,182	0,208	0,231	0,258	0,277
	34	0,179	0,205	0,227	0,254	0,273
	35	0,177	0,202	0,224	0,251	0,269
	$35 <$	$1,07/\sqrt{N}$	$1,22/\sqrt{N}$	$1,36/\sqrt{N}$	$1,52/\sqrt{N}$	$1,63/\sqrt{N}$

Nach [4].

Tabelle 3: ***Chi-Quadrat-Test und G-Test***

FG	p			
	0,1	0,05	0,01	0,001
1	2,706	3,841	6,635	10,828
2	4,605	5,991	9,210	13,816
3	6,251	7,815	11,345	16,266
4	7,779	9,488	13,277	18,467
5	9,236	11,070	15,086	20,515
6	10,645	12,592	16,812	22,458
7	12,017	14,067	18,475	24,322
8	13,362	15,507	20,090	26,125
9	14,684	16,919	21,666	27,877
10	15,987	18,307	23,209	29,588
11	17,275	19,675	24,725	31,264
12	18,549	21,026	26,217	32,909
13	19,812	22,362	27,688	34,528
14	21,064	23,685	29,141	36,123
15	22,307	24,996	30,578	37,697
16	23,542	26,296	32,000	39,252
17	24,769	27,587	33,409	40,790
18	25,989	28,869	34,805	42,312
19	27,204	30,144	36,191	43,820
20	28,412	31,410	37,566	45,315
21	29,615	32,671	38,932	46,797
22	30,813	33,924	40,289	48,268
23	32,007	35,172	41,638	49,728
24	33,196	36,415	42,980	51,179
25	34,382	37,652	44,314	52,620

Nach [4].

Tabelle 4: **Wilcoxon-Test**

p	einseitig	0,05	0,025	0,01	0,005	0,0005
	zweiseitig	0,1	0,05	0,02	0,01	0,001
N	5	0				
	6	2	0			
	7	3	2	0		
	8	5	3	1	0	
	9	8	5	3	1	
	10	10	8	5	3	
	11	13	10	7	5	0
	12	17	13	9	7	1
	13	21	17	12	9	2
	14	25	21	15	12	4
	15	30	25	19	15	6
	16	35	29	23	19	8
	17	41	34	27	23	11
	18	47	40	32	27	14
	19	53	46	37	32	18
	20	60	52	43	37	21
	21	67	58	49	42	25
	22	75	65	55	48	30
	23	83	73	62	54	35
	24	91	81	69	61	40
	25	100	89	76	68	45
	26	110	98	84	75	51
	27	119	107	92	83	57
	28	130	116	101	91	64
	29	140	126	110	100	71
	30	151	137	120	109	78
	31	163	147	130	118	86
	32	175	159	140	128	94
	33	187	170	151	138	102
	34	200	182	162	148	111
	35	213	195	173	159	120

Nach [4].

Tabelle 5a: ***Mann-Whitney U-Test***

$p < 0,05$ (einseitiger Test) bzw. $p < 0,1$ (zweiseitiger Test)

	N_b									
N_a	1	2	3	4	5	6	7	8	9	10
1	-									
2	-	-								
3	-	-	0							
4	-	-	0	1						
5	-	0	1	2	4					
6	-	0	2	3	5	7				
7	-	0	2	4	6	8	11			
8	-	1	3	5	8	10	13	15		
9	-	1	4	6	9	12	15	18	21	
10	-	1	4	7	11	14	17	20	24	27
11	-	1	5	8	12	16	19	23	27	31
12	-	2	5	9	13	17	21	26	30	34
13	-	2	6	10	151	19	24	28	33	37
14	-	3	7	11	16	21	26	31	36	41
15	-	3	7	12	18	23	28	33	39	44
16	-	3	8	14	19	25	30	36	42	48
17	-	3	9	15	20	26	33	39	45	51
18	-	4	9	16	22	28	35	41	48	55
19	0	4	10	17	23	30	37	44	51	58
20	0	4	11	18	25	32	39	47	54	62
21	0	5	11	19	26	34	41	49	57	65
22	0	5	12	20	28	36	44	52	60	68
23	0	5	13	21	29	37	46	54	63	72
24	0	6	13	22	30	39	48	57	66	75
25	0	6	14	23	32	41	50	60	69	79
26	0	6	15	24	33	43	53	62	72	82
27	0	7	15	25	35	45	55	65	75	86
28	0	7	16	26	36	46	57	68	78	89
29	0	7	17	27	38	48	59	70	82	93
30	0	7	17	28	39	50	61	73	85	96

Nach [24].

Tabelle 5a: **Mann-Whitney U-Test**

$p < 0{,}05$ (einseitiger Test) bzw. $p < 0{,}1$ (zweiseitiger Test)

N_b										
11	12	13	14	15	16	17	18	19	20	N_a
										1
										2
										3
										4
										5
										6
										7
										8
										9
										10
34										11
38	42									12
42	47	51								13
46	51	56	61							14
50	55	61	66	72						15
54	60	65	71	77	83					16
57	64	70	77	83	89	96				17
61	68	75	82	88	95	102	109			18
65	72	80	87	94	101	109	116	123		19
69	77	84	92	100	107	115	123	130	138	20
73	81	89	97	105	113	121	130	138	146	21
77	85	94	102	111	119	128	136	145	154	22
81	90	98	107	116	125	134	143	152	161	23
85	94	103	113	122	131	141	150	160	169	24
89	98	108	118	128	137	147	157	167	177	25
92	103	113	123	133	143	154	164	174	185	26
96	107	117	128	139	149	160	171	182	192	27
100	111	122	133	144	156	167	178	189	200	28
104	116	127	138	150	162	173	185	196	208	29
108	120	132	144	156	168	180	192	204	216	30

Tabelle 5b: ***Mann-Whitney U-Test***

$p < 0,025$ (einseitiger Test) bzw. $p < 0,05$ (zweiseitiger Test)

	N_b									
N_a	1	2	3	4	5	6	7	8	9	10
1	-									
2	-	-								
3	-	-	-							
4	-	-	-	0						
5	-	-	0	1	2					
6	-	-	1	2	3	5				
7	-	-	1	3	5	6	8			
8	-	0	2	4	6	8	10	13		
9	-	0	2	4	7	10	12	15	17	
10	-	0	3	5	8	11	14	17	20	23
11	-	0	3	6	9	13	16	19	23	26
12	-	1	4	7	11	14	18	22	26	29
13	-	1	4	8	12	16	20	24	28	33
14	-	1	5	9	13	17	22	26	31	36
15	-	1	5	10	14	19	24	29	34	39
16	-	1	6	11	15	21	26	31	37	42
17	-	2	6	11	17	22	28	34	39	45
18	-	2	7	12	18	24	30	36	42	48
19	-	2	7	13	19	25	32	38	45	52
20	-	2	8	14	20	27	34	41	48	55
21	-	3	8	15	22	29	36	43	50	58
22	-	3	9	16	23	30	38	45	53	61
23	-	3	9	17	24	32	40	48	56	64
24	-	3	10	17	25	33	42	50	59	67
25	-	3	10	18	27	35	44	53	62	71
26	-	4	11	19	28	37	46	55	64	74
27	-	4	11	20	29	38	48	57	67	77
28	-	4	12	21	30	40	50	60	70	80
29	-	4	13	22	32	42	52	62	73	83
30	-	5	13	23	33	43	54	65	76	87

Nach [24].

Tabelle 5b: ***Mann-Whitney U-Test***

$p < 0,025$ (einseitiger Test) bzw. $p < 0,05$ (zweiseitiger Test)

N_b										
11	12	13	14	15	16	17	18	19	20	N_a
										1
										2
										3
										4
										5
										6
										7
										8
										9
										10
30										11
33	37									12
37	41	45								13
40	45	50	55							14
44	49	54	59	64						15
47	53	59	64	70	75					16
51	57	63	69	75	81	87				17
55	61	67	74	80	86	93	99			18
58	65	72	78	85	92	99	106	113		19
62	69	76	83	90	98	105	112	119	127	20
65	73	80	88	96	103	111	119	126	134	21
69	77	85	93	101	109	117	125	133	141	22
73	81	89	98	106	115	123	132	140	149	23
76	85	94	102	111	120	129	138	147	156	24
80	89	98	107	117	126	135	145	154	163	25
83	93	102	112	122	132	141	151	161	171	26
87	97	107	117	127	137	147	158	168	178	27
90	101	111	122	132	143	154	164	175	186	28
94	105	116	127	138	149	160	171	182	193	29
98	109	120	131	143	154	166	177	189	200	30

Tabelle 5c: ***Mann-Whitney U-Test***

$p < 0,01$ (einseitiger Test) bzw. $p < 0,02$ (zweiseitiger Test)

N_a	N_b									
	1	2	3	4	5	6	7	8	9	10
1	-									
2	-	-								
3	-	-	-							
4	-	-	-	-						
5	-	-	-	0	1					
6	-	-	-	1	2	3				
7	-	-	0	1	3	4	6			
8	-	-	0	2	4	6	7	9		
9	-	-	1	3	5	7	9	11	14	
10	-	-	1	3	6	8	11	13	16	19
11	-	-	1	4	7	9	12	15	18	22
12	-	-	2	5	8	11	14	17	21	24
13	-	0	2	5	9	12	16	20	23	27
14	-	0	2	6	10	13	17	22	26	30
15	-	0	3	7	11	15	19	24	28	33
16	-	0	3	7	12	16	21	26	31	36
17	-	0	4	8	13	18	23	28	33	38
18	-	0	4	9	14	19	24	30	36	41
19	-	1	4	9	15	20	26	32	38	44
20	-	1	5	10	16	22	28	34	40	47
21	-	1	5	11	17	23	30	36	43	50
22	-	1	6	11	18	24	31	38	45	53
23	-	1	6	12	19	26	33	40	48	55
24	-	1	6	13	20	27	35	42	50	58
25	-	1	7	13	21	29	36	45	53	61
26	-	1	7	14	22	30	38	47	55	64
27	-	2	7	15	23	31	40	49	58	67
28	-	2	8	16	24	33	42	51	60	70
29	-	2	8	16	25	34	43	53	63	73
30	-	2	9	17	26	35	45	55	65	76

Nach [24].

Tabelle 5c: ***Mann-Whitney U-Test***

$p < 0,01$ (einseitiger Test) bzw. $p < 0,02$ (zweiseitiger Test)

N_b										
11	12	13	14	15	16	17	18	19	20	N_a
										1
										2
										3
										4
										5
										6
										7
										8
										9
										10
25										11
28	31									12
31	35	39								13
34	38	43	47							14
37	42	47	51	56						15
41	46	51	56	61	66					16
44	49	55	60	66	71	77				17
47	53	59	65	70	76	82	88			18
50	56	63	69	75	82	88	94	101		19
53	60	67	73	80	87	93	100	107	114	20
57	64	71	78	85	92	99	106	113	121	21
60	67	75	82	90	97	105	112	120	127	22
63	71	79	87	94	102	110	118	126	134	23
66	75	83	91	99	108	116	124	133	141	24
70	78	87	95	104	113	122	130	139	148	25
73	82	91	100	109	118	127	136	146	155	26
76	85	95	104	114	123	133	142	152	162	27
79	89	99	109	119	129	139	149	159	169	28
83	93	103	113	123	134	144	155	165	176	29
86	96	107	118	128	139	150	161	172	182	30

Tabelle 5d: **Mann-Whitney U-Test**

$p < 0,005$ (einseitiger Test) bzw. $p < 0,01$ (zweiseitiger Test)

N_a	N_b									
	1	2	3	4	5	6	7	8	9	10
1	-									
2	-	-								
3	-	-	-							
4	-	-	-	-						
5	-	-	-	-	0					
6	-	-	-	0	1	2				
7	-	-	-	0	1	3	4			
8	-	-	-	1	2	4	6	7		
9	-	-	0	1	3	5	7	9	11	
10	-	-	0	2	4	6	9	11	13	16
11	-	-	0	2	5	7	10	13	16	18
12	-	-	1	3	6	9	12	15	18	21
13	-	-	1	3	7	10	13	17	20	24
14	-	-	1	4	7	11	15	18	22	26
15	-	-	2	5	8	12	16	20	24	29
16	-	-	2	5	9	13	18	22	27	31
17	-	-	2	6	10	15	19	24	29	34
18	-	-	2	6	11	16	21	26	31	37
19	-	0	3	7	12	17	22	28	33	39
20	-	0	3	8	13	18	24	30	36	42
21	-	0	3	8	14	19	25	32	38	44
22	-	0	4	9	14	21	27	34	40	47
23	-	0	4	9	15	22	29	35	43	50
24	-	0	4	10	16	23	30	37	45	52
25	-	0	5	10	17	24	32	39	47	55
26	-	0	5	11	18	25	33	41	49	58
27	-	1	5	12	19	27	35	43	52	60
28	-	1	5	12	20	28	36	45	54	63
29	-	1	6	13	21	29	38	47	56	66
30	-	1	6	13	22	30	40	49	58	68

Nach [24].

Tabelle 5d: ***Mann-Whitney U-Test***

$p < 0,005$ (einseitiger Test) bzw. $p < 0,01$ (zweiseitiger Test)

N_b										
11	12	13	14	15	16	17	18	19	20	N_a
										1
										2
										3
										4
										5
										6
										7
										8
										9
										10
21										11
24	27									12
27	31	34								13
30	34	38	42							14
33	37	42	46	51						15
36	41	45	50	55	60					16
39	44	49	54	60	65	70				17
42	47	53	58	64	70	75	81			18
45	51	57	63	69	74	81	87	93		19
48	54	60	67	53	79	86	92	99	105	20
51	58	64	71	78	84	91	98	105	112	21
54	61	68	75	82	89	96	104	111	118	22
57	64	72	79	87	94	102	109	117	125	23
60	68	75	83	91	99	107	115	123	131	24
63	71	79	87	96	104	112	121	129	138	25
66	74	83	92	100	109	118	127	135	144	26
69	78	87	96	105	114	123	132	142	151	27
72	81	91	100	109	119	128	138	148	157	28
75	85	94	104	114	124	134	144	154	164	29
78	88	98	108	119	129	139	150	160	170	30

Tabelle 6a: ***Kolmogorov-Smirnov-Test für zwei Stichproben***

	N_2																	
N_1	3	4	5	6	7	8	9	10	11	12	13	14	15	16	17	18	19	20
3	9																	
4	10	16																
5	13	16	20															
6	15	18	21	30														
7	16	21	24	25	35													
8	19	24	26	30	34	40												
9	21	25	28	33	36	40	54											
10	22	28	35	36	40	44	46	60										
11	25	29	35	38	43	48	51	57	66									
12	27	36	36	48	45	52	57	60	64	72								
13	28	33	40	43	50	53	57	62	67	71	91							
14	31	38	42	48	56	58	63	68	72	78	78	98						
15	33	38	50	51	56	60	69	75	76	84	86	92	105					
16	34	38	46	54	58	72	68	76	80	88	90	96	101	112				
17	35	44	49	56	61	65	74	77	83	89	94	99	105	109	136			
18	39	46	51	66	64	72	81	82	87	96	98	104	111	116	118	144		
19	40	49	56	61	68	73	80	85	92	98	102	108	113	120	125	127	152	
20	41	52	60	66	72	80	83	100	95	104	108	114	125	128	130	136	144	160
21	45	52	60	69	77	81	90	91	101	108	112	126	126	130	135	144	147	154
22	46	56	62	70	77	84	91	98	110	110	117	124	130	136	141	148	151	160
23	47	57	65	73	79	89	94	101	108	113	120	127	134	140	146	151	159	163
24	51	60	67	78	83	96	99	106	111	132	124	132	141	152	150	162	162	172
25	52	61	75	78	85	95	101	110	116	120	131	136	145	148	156	161	168	180

$p < 0,05$ (einseitiger Test). Nach [26].

Tabelle 6b: ***Kolmogorov-Smirnov-Test für zwei Stichproben***

N_1	N_2: 3	4	5	6	7	8	9	10	11	12	13	14	15	16	17	18	19	20
5	-	17	25															
6	-	22	26	36														
7	19	25	29	31	42													
8	22	32	33	38	42	48												
9	27	29	36	42	46	49	63											
10	28	34	40	44	50	56	61	70										
11	31	37	41	49	53	59	62	69	88									
12	33	40	46	54	57	64	69	74	77	96								
13	34	41	48	54	59	66	73	78	85	92	104							
14	37	46	51	60	70	72	77	84	89	94	102	112						
15	42	46	60	63	70	75	84	90	95	102	106	111	135					
16	43	52	56	66	71	88	86	94	100	108	112	120	120	144				
17	43	53	61	68	75	81	92	97	104	111	118	124	130	139	153			
18	48	56	63	78	81	88	99	104	108	120	121	130	138	142	150	180		
19	49	57	67	77	85	91	99	104	114	121	127	135	142	149	157	160	190	
20	52	64	75	80	87	100	103	120	117	128	135	142	150	156	162	170	171	200
21	54	64	75	84	98	100	111	118	124	132	138	154	156	162	168	177	183	193
22	55	66	76	88	97	106	111	120	143	138	143	152	160	168	175	184	189	196
23	58	69	81	91	99	107	117	125	132	138	150	157	165	174	181	189	197	203
24	63	76	82	96	103	120	123	130	138	156	154	164	174	184	187	198	204	212
25	64	73	90	96	106	118	124	104	143	153	160	169	180	185	192	201	211	220

$p < 0,01$ (einseitiger Test). Nach [26].

Tabelle 6c: ***Kolmogorov-Smirnov-Test für zwei Stichproben***

N_1	N_2 = 2	3	4	5	6	7	8	9	10	11	12	13	14	15	16	17	18	19	20
4	-	-	16																
5	-	15	20	25															
6	-	18	20	24	30														
7	-	21	24	28	30	42													
8	16	21	28	30	34	40	48												
9	18	24	28	35	39	42	46	54											
10	20	27	30	40	40	46	48	53	70										
11	22	30	33	39	43	48	53	59	60	77									
12	24	30	36	43	48	53	60	63	66	72	84								
13	26	33	39	45	52	56	62	65	70	75	81	91							
14	26	36	42	46	54	63	64	70	74	82	86	89	112						
15	28	36	44	55	57	62	67	75	80	84	93	96	98	120					
16	30	39	48	54	60	64	80	78	84	89	96	101	106	114	128				
17	32	42	48	55	62	68	77	82	89	93	100	105	111	116	124	136			
18	34	45	50	60	72	72	80	90	92	97	108	110	116	123	128	133	162		
19	36	45	53	61	70	76	82	89	94	102	108	114	121	127	133	141	142	171	
20	38	48	60	65	72	79	88	93	110	107	116	120	126	135	140	146	152	160	180
21	38	51	59	69	75	91	89	99	105	112	120	126	140	138	145	151	159	163	173
22	40	51	62	70	78	84	94	101	108	121	124	130	138	144	150	157	164	169	176
23	42	54	64	72	80	89	98	106	114	119	125	135	142	149	157	163	170	177	184
24	44	57	68	76	90	92	104	111	118	124	144	140	146	156	168	168	180	183	192
25	46	60	68	80	88	97	104	114	125	129	138	145	150	160	167	173	180	187	200

$p < 0,05$ (zweiseitiger Test). Nach [26].

Tabelle 6d: ***Kolmogorov-Smirnov-Test für zwei Stichproben***

N_1	N_2: 2	3	4	5	6	7	8	9	10	11	12	13	14	15	16	17	18	19	20
5	-	-	-	25															
6	-	-	24	30	36														
7	-	-	28	35	36	42													
8	-	-	32	35	40	48	56												
9	-	27	36	40	45	49	55	63											
10	-	30	36	45	48	53	60	63	80										
11	-	33	40	45	54	59	64	70	77	88									
12	-	36	44	50	60	60	68	75	80	86	96								
13	-	39	48	52	60	65	72	78	84	91	95	117							
14	-	42	48	56	64	77	76	84	90	96	104	104	126						
15	-	42	52	60	69	75	81	90	100	102	108	115	123	135					
16	-	45	56	64	72	77	88	94	100	106	116	121	126	133	160				
17	-	48	60	68	73	84	88	99	106	110	119	127	134	142	143	170			
18	-	51	60	70	84	87	94	108	108	118	126	131	140	147	154	164	180		
19	38	54	64	71	83	91	98	107	113	122	130	138	148	152	160	166	176	190	
20	40	57	68	80	88	93	104	111	130	127	140	143	152	160	168	175	182	187	220
21	42	57	72	80	90	105	107	117	126	134	141	150	161	168	173	180	189	199	199
22	44	60	72	83	92	103	112	122	130	143	148	156	164	173	180	187	196	204	212
23	46	63	76	87	97	108	115	126	137	142	149	161	170	179	187	196	204	209	219
24	48	66	80	90	102	112	128	132	140	150	168	166	176	186	200	203	216	218	228
25	50	69	84	95	107	115	125	135	150	154	165	172	182	195	199	207	216	224	235

$p < 0,01$ (zweiseitiger Test). Nach [26].

Tabelle 7: ***t-Test***

p	einseitig	0,05	0,025	0,01	0,005	0,001	0,0005
	zweiseitig	0,1	0,05	0,02	0,01	0,002	0,001
FG	1	6,314	12,706	31,821	63,657	318,309	636,619
	2	2,920	4,303	6,965	9,925	22,327	31,598
	3	2,353	3,182	4,541	5,841	10,214	12,924
	4	2,132	2,776	3,747	4,604	7,173	8,610
	5	2,015	2,571	3,365	4,032	5,893	6,869
	6	1,943	2,447	3,143	3,707	5,208	5,959
	7	1,895	2,365	2,998	3,499	4,785	5,408
	8	1,860	2,306	2,896	3,355	4,501	5,041
	9	1,833	2,262	2,821	3,250	4,297	4,781
	10	1,812	2,228	2,764	3,169	4,144	4,587
	11	1,796	2,201	2,718	3,106	4,025	4,437
	12	1,782	2,179	2,681	3,055	3,930	4,318
	13	1,771	2,160	2,650	3,012	3,852	4,221
	14	1,761	2,145	2,624	2,977	3,787	4,140
	15	1,753	2,131	2,602	2,947	3,733	4,073
	16	1,746	2,120	2,583	2,921	3,686	4,015
	17	1,740	2,110	2,567	2,898	3,646	3,965
	18	1,734	2,101	2,552	2,878	3,610	3,922
	19	1,729	2,093	2,539	2,861	3,579	3,883
	20	1,725	2,086	2,528	2,845	3,552	3,850
	21	1,721	2,080	2,518	2,831	3,527	3,819
	22	1,717	2,074	2,508	2,819	3,505	3,792
	23	1,714	2,069	2,500	2,807	3,485	3,767
	24	1,711	2,064	2,492	2,797	3,467	3,745
	25	1,708	2,060	2,485	2,787	3,450	3,725
	26	1,706	2,056	2,479	2,779	3,435	3,707
	27	1,703	2,052	2,473	2,771	3,421	3,690
	28	1,701	2,048	2,467	2,763	3,408	3,674
	29	1,699	2,045	2,462	2,756	3,396	3,659
	30	1,697	2,042	2,457	2,750	3,385	3,646

Nach [24].

Tabelle 8a: ***F-Test***

$p \leq 0,05$ (einseitiger Test) bzw. $p \leq 0,1$ (zweiseitiger Test). Nach [24].

FG_N	FG_Z 1	2	3	4	5	6	7	8	9	10	12	15	20	24	30
1	161,4	199,5	215,7	224,6	230,2	234,0	236,8	238,9	240,5	241,9	243,9	245,9	248,0	249,1	250,1
2	18,51	19,00	19,16	19,25	19,30	19,33	19,35	19,37	19,38	19,40	19,41	19,43	19,45	19,45	19,46
3	10,13	9,55	9,28	9,12	9,01	8,94	8,89	8,85	8,81	8,79	8,74	8,70	8,66	8,64	8,62
4	7,71	6,94	6,59	6,39	6,26	6,16	6,09	6,04	6,00	5,96	5,91	5,86	5,80	5,77	5,75
5	6,61	5,79	5,41	5,19	5,05	4,95	4,88	4,82	4,77	4,74	4,68	4,62	4,56	4,53	4,50
6	5,99	5,14	4,76	4,53	4,39	4,28	4,21	4,15	4,10	4,06	4,00	3,94	3,87	3,84	3,81
7	5,59	4,74	4,35	4,12	3,97	3,87	3,79	3,73	3,68	3,64	3,57	3,51	3,44	3,41	3,38
8	5,32	4,46	4,07	3,84	3,69	3,58	3,50	3,44	3,39	3,35	3,28	3,22	3,15	3,12	3,08
9	5,12	4,26	3,86	3,63	3,48	3,37	3,29	3,23	3,18	3,14	3,07	3,01	2,94	2,90	2,86
10	4,96	4,10	3,71	3,48	3,33	3,22	3,14	3,07	3,02	2,98	2,91	2,85	2,77	2,74	2,70
11	4,84	3,98	3,59	3,36	3,20	3,09	3,01	2,95	2,90	2,85	2,79	2,72	2,65	2,61	2,57
12	4,75	3,89	3,49	3,26	3,11	3,00	2,91	2,85	2,80	2,75	2,69	2,62	2,54	2,51	2,47
13	4,67	3,81	3,41	3,18	3,03	2,92	2,83	2,77	2,71	2,67	2,60	2,53	2,46	2,42	2,38
14	4,60	3,74	3,34	3,11	2,96	2,85	2,76	2,70	2,65	2,60	2,53	2,46	2,39	2,35	2,31
15	4,54	3,68	3,29	3,06	2,90	2,79	2,71	2,64	2,59	2,54	2,48	2,40	2,33	2,29	2,25
16	4,49	3,63	3,24	3,01	2,85	2,74	2,66	2,59	2,54	2,49	2,42	2,35	2,28	2,24	2,19
17	4,45	3,59	3,20	2,96	2,81	2,70	2,61	2,55	2,49	2,45	2,38	2,31	2,23	2,19	2,15
18	4,41	3,55	3,16	2,93	2,77	2,66	2,58	2,51	2,46	2,41	2,34	2,27	2,19	2,15	2,11
19	4,38	3,52	3,13	2,90	2,74	2,63	2,54	2,48	2,42	2,38	2,31	2,23	2,16	2,11	2,07
20	4,35	3,49	3,10	2,87	2,71	2,60	2,51	2,45	2,39	2,35	2,28	2,20	2,12	2,08	2,04
21	4,32	3,47	3,07	2,84	2,68	2,57	2,49	2,42	2,37	2,32	2,25	2,18	2,10	2,05	2,01
22	4,30	3,44	3,05	2,82	2,66	2,55	2,46	2,40	2,34	2,30	2,23	2,15	2,07	2,03	1,98
23	4,28	3,42	3,03	2,80	2,64	2,53	2,44	2,37	2,32	2,27	2,20	2,13	2,05	2,01	1,96
24	4,26	3,40	3,01	2,78	2,62	2,51	2,42	2,36	2,30	2,25	2,18	2,11	2,03	1,98	1,94
25	4,24	3,39	2,99	2,76	2,60	2,49	2,40	2,34	2,28	2,24	2,16	2,09	2,01	1,96	1,92
26	4,23	3,37	2,98	2,74	2,59	2,47	2,39	2,32	2,27	2,22	2,15	2,07	1,99	1,95	1,90
27	4,21	3,35	2,96	2,73	2,57	2,46	2,37	2,31	2,25	2,20	2,13	2,06	1,97	1,93	1,88
28	4,20	3,34	2,95	2,71	2,56	2,45	2,36	2,29	2,24	2,19	2,12	2,04	1,96	1,91	1,87
29	4,18	3,33	2,93	2,70	2,55	2,43	2,35	2,28	2,22	2,18	2,10	2,03	1,94	1,90	1,85
30	4,17	3,32	2,92	2,69	2,53	2,42	2,33	2,27	2,21	2,16	2,09	2,01	1,93	1,89	1,84

$p \leq 0,025$ (einseitiger Test) bzw. $p \leq 0,05$ (zweiseitiger Test). Nach [24].

FG_N	FG_Z														
	1	2	3	4	5	6	7	8	9	10	12	15	20	24	30
1	647,8	799,5	864,2	899,6	921,8	937,1	948,2	956,7	963,3	968,6	976,7	984,9	931,1	997,2	1001
2	38,51	39,00	39,17	39,25	39,30	39,33	39,36	39,37	39,39	39,40	39,41	39,43	39,45	39,46	39,46
3	17,44	16,04	15,44	15,10	14,88	14,73	14,62	14,54	14,47	14,42	14,34	14,25	14,17	14,12	14,08
4	12,22	10,65	9,98	9,60	9,36	9,20	9,07	8,98	8,90	8,84	8,75	8,66	8,56	8,51	8,46
5	10,01	8,43	7,76	7,39	7,15	6,98	6,85	6,76	6,68	6,62	6,52	6,43	6,33	6,28	6,23
6	8,81	7,26	6,60	6,23	5,99	5,82	5,70	5,60	5,52	5,46	5,37	5,27	5,17	5,12	5,07
7	8,07	6,54	5,89	5,52	5,29	5,12	4,99	4,90	4,82	4,76	4,67	4,57	4,47	4,42	4,36
8	7,57	6,06	5,42	5,05	4,82	4,65	4,53	4,43	4,36	4,30	4,20	4,10	4,00	3,95	3,89
9	7,21	5,71	5,08	4,72	4,48	4,32	4,20	4,10	4,03	3,96	3,87	3,77	3,67	3,61	3,56
10	6,94	5,46	4,83	4,47	4,24	4,07	3,95	3,85	3,78	3,72	3,62	3,52	3,42	3,37	3,31
11	6,72	5,26	4,63	4,28	4,04	3,88	3,76	3,66	3,59	3,53	3,43	3,33	3,23	3,17	3,12
12	6,55	5,10	4,47	4,12	3,89	3,73	3,61	3,51	3,44	3,37	3,28	3,18	3,07	3,02	2,96
13	6,41	4,97	4,35	4,00	3,77	3,60	3,48	3,39	3,31	3,25	3,15	3,05	2,95	2,89	2,84
14	6,30	4,86	4,24	3,89	3,66	3,50	3,38	3,29	3,21	3,15	3,05	2,95	2,84	2,79	2,73
15	6,20	4,77	4,15	3,80	3,58	3,41	3,29	3,20	3,12	3,06	2,96	2,86	2,76	2,70	2,64
16	6,12	4,69	4,08	3,73	3,50	3,34	3,22	3,12	3,05	2,99	2,89	2,79	2,68	2,63	2,57
17	6,04	4,62	4,01	3,66	3,44	3,28	3,16	3,06	2,98	2,92	2,82	2,72	2,62	2,56	2,50
18	5,98	4,56	3,95	3,61	3,38	3,22	3,10	3,01	2,93	2,87	2,77	2,67	2,56	2,50	2,44
19	5,92	4,51	3,90	3,56	3,33	3,17	3,05	2,96	2,88	2,82	2,72	2,62	2,51	2,45	2,39
20	5,87	4,46	3,86	3,51	3,29	3,13	3,01	2,91	2,84	2,77	2,68	2,57	2,46	2,41	2,35
21	5,83	4,42	3,82	3,48	3,25	3,09	2,97	2,87	2,80	2,73	2,64	2,53	2,42	2,37	2,31
22	5,79	4,38	3,78	3,44	3,22	3,05	2,93	2,84	2,76	2,70	2,60	2,50	2,39	2,33	2,27
23	5,75	4,35	3,75	3,41	3,18	3,02	2,90	2,81	2,73	2,67	2,57	2,47	2,36	2,30	2,24
24	5,72	4,32	3,72	3,38	3,15	2,99	2,87	2,78	2,70	2,64	2,54	2,44	2,33	2,27	2,21
25	5,69	4,29	3,69	3,35	3,13	2,97	2,85	2,75	2,68	2,61	2,51	2,41	2,30	2,24	2,18
26	5,66	4,27	3,67	3,33	3,10	2,94	2,82	2,73	2,65	2,59	2,49	2,39	2,28	2,22	2,16
27	5,63	4,24	3,65	3,31	3,08	2,92	2,80	2,71	2,63	2,57	2,47	2,36	2,25	2,19	2,13
28	5,61	4,22	3,63	3,29	3,06	2,90	2,78	2,69	2,61	2,55	2,45	2,34	2,23	2,17	2,11
29	5,59	4,20	3,61	3,27	3,04	2,88	2,76	2,67	2,59	2,53	2,43	2,32	2,21	2,15	2,09
30	5,57	4,18	3,59	3,25	3,03	2,87	2,75	2,65	2,57	2,51	2,41	2,31	2,20	2,14	2,07

Tabelle 8c: **F-Test**

$p \leq 0,01$ (einseitiger Test) bzw. $p \leq 0,02$ (zweiseitiger Test). Nach [24].

FG_N	FG_Z														
	1	2	3	4	5	6	7	8	9	10	12	15	20	24	30
1	4052	4999,5	5403	5625	5764	5859	5928	5982	6022	6056	6106	6157	6209	6135	6261
2	98,50	99,00	99,17	99,25	99,30	99,33	99,36	99,37	99,39	99,40	99,42	99,43	99,45	99,46	99,47
3	34,12	30,82	29,46	28,71	28,24	27,91	27,67	27,49	27,35	27,23	27,05	26,87	26,69	26,60	26,50
4	21,20	18,00	16,69	15,98	15,52	15,21	14,98	14,80	14,66	14,55	14,37	14,20	14,02	13,93	13,84
5	16,26	13,27	12,06	11,39	10,97	10,67	10,46	10,29	10,16	10,05	9,89	9,72	9,55	9,47	9,38
6	13,75	10,92	9,78	9,15	8,75	8,47	8,26	8,10	7,98	7,87	7,72	7,56	7,40	7,31	7,23
7	12,25	9,55	8,45	7,85	7,46	7,19	6,99	6,84	6,72	6,62	6,47	6,31	6,16	6,07	5,99
8	11,26	8,65	7,59	7,01	6,63	6,37	6,18	6,03	5,91	5,81	5,67	5,52	5,36	5,28	5,20
9	10,56	8,02	6,99	6,42	6,06	5,80	5,61	5,47	5,35	5,26	5,11	4,96	4,81	4,73	4,65
10	10,04	7,56	6,55	5,99	5,64	5,39	5,20	5,06	4,94	4,85	4,71	4,56	4,41	4,33	4,25
11	9,65	7,21	6,22	5,67	5,32	5,07	4,89	4,74	4,63	4,54	4,40	4,25	4,10	4,02	3,94
12	9,33	6,93	5,95	5,41	5,06	4,82	4,64	4,50	4,39	4,30	4,16	4,01	3,86	3,78	3,70
13	9,07	6,70	5,74	5,21	4,86	4,62	4,44	4,30	4,19	4,10	3,96	3,82	3,66	3,59	3,51
14	8,86	6,51	5,56	5,04	4,69	4,46	4,28	4,14	4,03	3,94	3,80	3,66	3,51	3,43	3,35
15	8,68	6,36	5,42	4,89	4,56	4,32	4,14	4,00	3,89	3,80	3,67	3,52	3,37	3,29	3,21
16	8,53	6,23	5,29	4,77	4,44	4,20	4,03	3,89	3,78	3,69	3,55	3,41	3,26	3,18	3,10
17	8,40	6,11	5,18	4,67	4,34	4,10	3,93	3,79	3,68	3,59	3,46	3,31	3,16	3,08	3,00
18	8,29	6,01	5,09	4,58	4,25	4,01	3,84	3,71	3,60	3,51	3,37	3,23	3,08	3,00	2,92
19	8,18	5,93	5,01	4,50	4,17	3,94	3,77	3,63	3,52	3,43	3,30	3,15	3,00	2,92	2,84
20	8,10	5,85	4,94	4,43	4,10	3,87	3,70	3,56	3,46	3,37	3,23	3,09	2,94	2,86	2,78
21	8,02	5,78	4,87	4,37	4,04	3,81	3,64	3,51	3,40	3,31	3,17	3,03	2,88	2,80	2,72
22	7,95	5,72	4,82	4,31	3,99	3,76	3,59	3,45	3,35	3,26	3,12	2,98	2,83	2,75	2,67
23	7,88	5,66	4,76	4,26	3,94	3,71	3,54	3,41	3,30	3,21	3,07	2,93	2,78	2,70	2,62
24	7,82	5,61	4,72	4,22	3,90	3,67	3,50	3,36	3,26	3,17	3,03	2,89	2,74	2,66	2,58
25	7,77	5,57	4,68	4,18	3,85	3,63	3,46	3,32	3,22	3,13	2,99	2,85	2,70	2,62	2,54
26	7,72	5,53	4,64	4,14	3,82	3,59	3,42	3,29	3,18	3,09	2,96	2,81	2,66	2,58	2,50
27	7,68	5,49	4,60	4,11	3,78	3,56	3,39	3,26	3,15	3,06	2,93	2,78	2,63	2,55	2,47
28	7,64	5,45	4,57	4,07	3,75	3,53	3,36	3,23	3,12	3,03	2,90	2,75	2,60	2,52	2,44
29	7,60	5,42	4,54	4,04	3,73	3,50	3,33	3,20	3,09	3,00	2,87	2,73	2,57	2,49	2,41
30	7,56	5,39	4,51	4,02	3,70	3,47	3,30	3,17	3,07	2,98	2,84	2,70	2,55	2,47	2,39

$p \leq 0,005$ (einseitiger Test) bzw. $p \leq 0,01$ (zweiseitiger Test). Nach [24].

FG_N	FG_Z														
	1	2	3	4	5	6	7	8	9	10	12	15	20	24	30
1	16211	20000	21615	22500	23056	23437	23715	23925	24091	24224	24426	24630	24836	24940	25044
2	198,5	199,0	199,2	199,2	199,3	199,4	199,4	199,4	199,4	199,4	199,4	199,4	199,4	199,5	199,5
3	55,55	49,80	47,47	46,19	45,39	44,84	44,43	44,13	43,88	43,69	43,39	43,08	42,78	42,62	42,47
4	31,33	26,28	24,26	23,15	22,46	21,97	21,62	21,35	21,14	20,97	20,70	20,44	20,17	20,03	19,89
5	22,78	18,31	16,53	15,56	14,94	14,51	14,20	13,96	13,77	13,62	13,38	13,15	12,90	12,78	12,66
6	18,63	14,54	12,92	12,03	11,46	11,07	10,79	10,57	10,39	10,25	10,03	9,81	9,59	9,47	9,36
7	16,24	12,40	10,88	10,05	9,52	9,16	8,89	8,68	8,51	8,38	8,18	7,97	7,75	7,65	7,53
8	14,69	11,04	9,60	8,81	8,30	7,95	7,69	7,50	7,34	7,21	7,01	6,81	6,61	6,50	6,40
9	13,61	10,11	8,72	7,96	7,47	7,13	6,88	6,69	6,54	6,42	6,23	6,03	5,83	5,73	5,62
10	12,83	9,43	8,08	7,34	6,87	6,54	6,30	6,12	5,97	5,85	5,66	5,47	5,27	5,17	5,07
11	12,23	8,91	7,60	6,88	6,42	6,10	5,86	5,68	5,54	5,42	5,24	5,05	4,86	4,76	4,65
12	11,75	8,51	7,23	6,52	6,07	5,76	5,52	5,35	5,20	5,09	4,91	4,72	4,53	4,43	4,33
13	11,37	8,19	6,93	6,23	5,79	5,48	5,25	5,08	4,94	4,82	4,64	4,46	4,27	4,17	4,07
14	11,06	7,92	6,68	6,00	5,56	5,26	5,03	4,86	4,72	4,60	4,43	4,25	4,06	3,96	3,86
15	10,80	7,70	6,48	5,80	5,37	5,07	4,85	4,67	4,54	4,42	4,25	4,07	3,88	3,79	3,69
16	10,58	7,51	6,30	5,64	5,21	4,91	4,69	4,52	4,38	4,27	4,10	3,92	3,73	3,64	3,54
17	10,38	7,35	6,16	5,50	5,07	4,78	4,56	4,39	4,25	4,14	3,97	3,79	3,61	3,51	3,41
18	10,22	7,21	6,03	5,37	4,96	4,66	4,44	4,28	4,14	4,03	3,86	3,68	3,50	3,40	3,30
19	10,07	7,09	5,92	5,27	4,85	4,56	4,34	4,18	4,04	3,93	3,76	3,59	3,40	3,31	3,21
20	9,94	6,99	5,82	5,17	4,76	4,47	4,26	4,09	3,96	3,85	3,68	3,50	3,32	3,22	3,12
21	9,83	6,89	5,73	5,09	4,68	4,39	4,18	4,01	3,88	3,77	3,60	3,43	3,24	3,15	3,05
22	9,73	6,81	5,65	5,02	4,61	4,32	4,11	3,94	3,81	3,70	3,54	3,36	3,18	3,08	2,98
23	9,63	6,73	5,58	4,95	4,54	4,26	4,05	3,88	3,75	3,64	3,47	3,30	3,12	3,02	2,92
24	9,55	6,66	5,52	4,89	4,49	4,20	3,99	3,83	3,69	3,59	3,42	3,25	3,06	2,97	2,87
25	9,48	6,60	5,46	4,84	4,43	4,15	3,94	3,78	3,64	3,54	3,37	3,20	3,01	2,92	2,82
26	9,41	6,54	5,41	4,79	4,38	4,10	3,89	3,73	3,60	3,49	3,33	3,15	2,97	2,87	2,77
27	9,34	6,49	5,36	4,74	4,34	4,06	3,85	3,69	3,56	3,45	3,28	3,11	2,93	2,83	2,73
28	9,28	6,44	5,32	4,70	4,30	4,02	3,81	3,65	3,52	3,41	3,25	3,07	2,89	2,79	2,69
29	9,23	6,40	5,28	4,66	4,26	3,98	3,77	3,61	3,48	3,38	3,21	3,04	2,86	2,76	2,66
30	9,18	6,35	5,24	4,62	4,23	3,95	3,74	3,58	3,45	3,34	3,18	3,01	2,82	2,73	2,63

Tabelle 9: $\boldsymbol{F_{max}}$**-Test**

FG	k										
	2	3	4	5	6	7	8	9	10	11	12
2	39,0	87,5	142	202	266	333	403	475	550	626	704
3	15,4	27,8	39,2	50,7	62,0	72,9	83,5	93,9	104	114	124
4	9,60	15,5	20,6	25,2	29,5	33,6	37,5	41,1	44,6	48,0	51,4
5	7,15	10,8	13,7	16,3	18,7	20,8	22,9	24,7	26,5	28,2	29,9
6	5,82	8,38	10,4	12,1	13,7	15,0	16,3	17,5	18,6	19,7	20,7
7	4,99	6,94	8,44	9,70	10,8	11,8	12,7	13,5	14,3	15,1	15,8
8	4,43	6,00	7,18	8,12	9,03	9,78	10,5	11,1	11,7	12,2	12,7
9	4,03	5,34	6,31	7,11	7,80	8,41	8,95	9,45	9,91	10,3	10,7
10	3,72	4,85	5,67	6,34	6,92	7,42	7,87	8,28	8,66	9,01	9,34
12	3,28	4,16	4,79	5,30	5,72	6,09	6,42	6,72	7,00	7,25	7,48
15	2,86	3,54	4,01	4,37	4,68	4,95	5,19	5,40	5,59	5,77	5,93
20	2,46	2,95	3,29	3,54	3,76	3,94	4,10	4,24	4,37	4,49	4,59
30	2,07	2,40	2,61	2,78	2,91	3,02	3,12	3,21	3,29	3,36	3,39

Nach [10].

Tabelle 10: **Friedman-Test**

		p		
k	N	0,1	0,05	0,01
3	3	6,00	6,00	-
	4	6,00	6,50	8,00
	5	5,20	6,40	8,40
	6	5,33	7,00	9,00
	7	5,43	7,14	8,86
	8	5,25	6,25	9,00
	9	5,56	6,22	8,67
	10	5,00	6,20	9,60
	11	4,91	6,54	8,91
	12	5,17	6,17	8,67
	13	4,77	6,00	9,39
	∞	4,61	5,99	9,21
4	2	6,00	6,00	-
	3	6,60	7,40	8,60
	4	6,30	7,80	9,60
	5	6,36	7,80	9,96
	6	6,40	7,60	10,00
	7	6,26	7,80	10,37
	8	6,30	7,50	10,35
	∞	6,25	7,82	11,34
5	3	7,47	8,53	10,13
	4	7,60	8,80	11,00
	5	7,68	8,96	11,52
	∞	7,78	9,49	13,28

Nach [26].

Tabelle 11: ***Einzelvergleiche n. Friedman- u. Kruskal-Wallis-Test***

x	letzte Dezimalstelle von x									
	0	1	2	3	4	5	6	7	8	9
0,0000		4,259	4,104	4,011	3,943	3,889	3,845	3,807	3,774	3,745
0,000		3,718	3,540	3,431	3,353	3,290	3,239	3,195	3,156	3,121
0,001	3,090	3,062	3,036	3,011	2,989	2,968	2,948	2,929	2,911	2,894
0,002	2,878	2,863	2,848	2,834	2,820	2,807	2,794	2,782	2,770	2,759
0,003	2,748	2,737	2,727	2,716	2,706	2,697	2,687	2,678	2,669	2,661
0,004	2,652	2,644	2,636	2,628	2,620	2,612	2,605	2,597	2,590	2,583
0,005	2,576	2,569	2,562	2,556	2,549	2,543	2,536	2,530	2,524	2,518
0,006	2,512	2,506	2,501	2,495	2,489	2,484	2,478	2,473	2,468	2,462
0,007	2,457	2,452	2,447	2,442	2,437	2,432	2,428	2,423	2,418	2,413
0,008	2,409	2,404	2,400	2,395	2,391	2,387	2,382	2,378	2,374	2,370
0,009	2,366	2,362	2,357	2,353	2,349	2,346	2,342	2,338	2,334	2,330
0,010	2,326	2,323	2,319	2,315	2,312	2,308	2,304	2,301	2,297	2,294
0,011	2,290	2,287	2,284	2,280	2,277	2,273	2,270	2,267	2,264	2,260
0,012	2,257	2,254	2,251	2,248	2,244	2,241	2,238	2,235	2,232	2,229
0,013	2,226	2,223	2,220	2,217	2,214	2,212	2,209	2,206	2,203	2,200
0,014	2,197	2,194	2,192	2,189	2,186	2,183	2,181	2,178	2,175	2,173
0,015	2,170	2,167	2,165	2,162	2,160	2,157	2,155	2,152	2,149	2,147
0,016	2,144	2,142	2,139	2,137	2,135	2,132	2,130	2,127	2,125	2,122
0,017	2,120	2,118	2,115	2,113	2,111	2,108	2,106	2,104	2,101	2,099
0,018	2,097	2,095	2,092	2,090	2,088	2,086	2,084	2,081	2,079	2,077
0,019	2,075	2,073	2,071	2,068	2,066	2,064	2,062	2,060	2,058	2,056

Tabelle 12: **Kruskal-Wallis-Test**

			p				
n_1	n_2	n_3	0,1	0,05	0,01	0,005	0,001
2	2	2	4,25				
3	2	1	4,29				
3	2	2	4,71	4,71			
3	3	1	4,57	5,14			
3	3	2	4,56	5,36			
3	3	3	4,62	5,60	7,20	7,20	
4	2	1	4,50				
4	2	2	4,46	5,33			
4	3	1	4,06	5,21			
4	3	2	4,51	5,44	6,44	7,00	
4	3	3	4,71	5,73	6,75	7,32	8,02
4	4	1	4,17	4,97	6,67		
4	4	2	4,55	5,45	7,04	7,28	
4	4	3	4,55	5,60	7,14	7,59	8,32
4	4	4	4,65	5,69	7,66	8,00	8,65
5	2	1	4,20	5,00			
5	2	2	4,36	5,16	6,53		
5	3	1	4,02	4,96			
5	3	2	4,65	5,25	6,82	7,18	
5	3	3	4,53	5,65	7,08	7,51	8,24
5	4	1	3,99	4,99	6,95	7,36	
5	4	2	4,54	5,27	7,12	7,57	8,11
5	4	3	4,55	5,63	7,44	7,91	8,50
5	4	4	4,62	5,62	7,76	8,14	9,00
5	5	1	4,11	5,13	7,31	7,75	
5	5	2	4,62	5,34	7,27	8,13	8,68
5	5	3	4,54	5,71	7,54	8,24	9,06
5	5	4	4,53	5,64	7,77	8,37	9,32
5	5	5	4,56	5,78	7,98	8,72	9,68

Nach [26].

Tabelle 13: ***Pearson's Maßkorrelationskoeffizient***

p	einseitig	0,05	0,025	0,01	0,005	0,001	0,0005
	zweiseitig	0,1	0,05	0,02	0,01	0,002	0,001
N	3	9877	9969	9995	999877	999995	999999
	4	9000	9500	9800	9900	9980	9990
	5	805	8783	934	9587	986	9911
	6	729	811	882	917	963	974
	7	669	754	833	875	935	951
	8	621	707	789	834	905	925
	9	582	666	750	798	875	898
	10	549	632	715	765	847	872
	11	521	602	685	735	820	847
	12	497	576	658	708	795	823
	13	476	553	634	684	772	801
	14	457	532	612	661	750	780
	15	441	514	592	641	730	760
	16	426	497	574	623	711	742
	17	412	482	558	606	694	725
	18	400	468	543	590	678	708
	19	389	456	529	575	662	693
	20	378	444	516	561	648	679
	21	369	433	503	549	635	665
	22	360	423	492	537	622	652
	23	352	413	482	526	610	640
	24	344	404	472	515	599	629
	25	337	396	462	505	588	618
	26	330	388	453	496	578	607
	27	323	381	445	487	568	597
	28	317	374	437	478	559	588
	29	311	367	430	470	550	579
	30	306	361	423	463	541	570

Nach [24].

Tabelle 14: ***Spearman Rang-Korrelationskoeffizient***

p	einseitig	0,05	0,025	0,01	0,005	0,001	0,0005
	zweiseitig	0,1	0,05	0,02	0,01	0,002	0,001
N	5	900	1,0	1,0			
	6	829	886	943	1,0		
	7	714	786	893	929	1,0	1,0
	8	643	738	833	881	952	976
	9	600	700	783	833	917	933
	10	564	648	745	794	879	903
	11	536	618	709	755	845	873
	12	503	587	671	727	825	860
	13	484	560	648	703	802	835
	14	464	538	622	675	776	811
	15	443	521	604	654	754	786
	16	429	503	582	635	532	765
	17	414	485	566	615	713	748
	18	401	472	550	600	695	728
	19	391	460	535	584	677	712
	20	380	447	520	570	662	696
	21	370	435	508	556	648	681
	22	361	425	496	544	634	667
	23	353	415	486	532	622	654
	24	344	406	476	521	610	642
	25	337	398	466	511	598	630
	26	331	390	457	501	587	619
	27	324	382	448	491	577	608
	28	317	375	440	483	567	598
	29	312	368	433	475	558	589
	30	306	362	425	467	549	580

Nach [26].

VIII. Literatur

Immature poets imitate; mature poets steal.
T. S. Eliot

Mit Sicherheit wird hier kein umfassender Überblick über die zur Zeit vorhandene oder empfehlenswerte Literatur geboten. Denn andauernd kommen Neuerscheinungen auf den Markt. Daneben gibt es noch eine ganze Reihe von speziellen Zeitschriften, die laufend Ergänzungen, Variationen, Anwendungsempfehlungen und Einschränkungen von bereits bekannten Tests, sowie neuentwickelte statistische Verfahren veröffentlichen. Daher sind in der nachfolgenden Liste lediglich die Arbeiten aufgeführt, die im Text erwähnt sind, beziehungsweise von mir bei der Abfassung dieses Werkes hauptsächlich zu Rate gezogen wurden.

Literaturverzeichnis

[1] Backhaus, K., B. Erichson, W. Plinke, C. Schuchard-Fischer und R. Weiber: *Multivariante Analysemethoden.* Springer, Berlin, 5. Auflage, 1989.

[2] Beal, K. G. und H. J. Khamis: *Statistical analysis of a problem data set: correlated observations.* The Condor, 92:248–251, 1990.

[3] Berkson, J.: *In dispraise of the exact test. Do the marginal totals of the 2x2 table contain relevant information respecting the table proportions?* Journal of Statistical Planning and Inference, 2:27–42, 1978.

[4] Bortz, J., G. A. Lienert und K. Boehnke: *Verteilungsfreie Methoden in der Biostatistik.* Springer, Berlin, 1990.

[5] Brown, L. und J. F. Downhower: *Analyses in behavioural ecology: a manual for lab and field.* Sinauer, Sunderland, 1988.

[6] Chandler, C. R.: *Practical considerations in the use of simultaneous inference for multiple tests.* Animal Behaviour, 49:524–527, 1995.

[7] Conover, W. J.: *Practical nonparametric statistics.* John Wiley & Sons, New York, 2. Auflage, 1980.

[8] CROWLEY, P. H.: *Resampling methods for computation-intensive data analysis in ecology and evolution.* Annual Review of Ecology and Systematics, 23:405–447, 1992.

[9] EDMUNDSON, A. und D. DRUCE: *Advanced biology statistics.* Oxford University Press, Oxford, 1996.

[10] FOWLER, J. und L. COHEN: *Practical statistics for field biology.* John Wiley & Sons, Chichester, 1990.

[11] FREEMAN, G. H. und J. H. HALTON: *Note on an exact treatment of contingency, goodness of fit and other problems of significance.* Biometrika, 38:141–149, 1951.

[12] HACCOU, P.: *Statistical methods for ethological data.* Centrum voor Wiskunde en Informatica, Amsterdam, 1987.

[13] KÖHLER, W., G. SCHACHTEL und P. VOLESKE: *Biometrie: Einführung in die Statistik für Biologen und Agrarwissenschaftler.* Springer, Berlin, 1984.

[14] KRAMER, M. und J. SCHMIDHAMMER: *The chi-squared statistic in ethology: use and misuse.* Animal Behaviour, 44:833–841, 1992.

[15] LAMPRECHT, J.: *Biologische Forschung: von der Planung bis zur Publikation.* Paul Parey, Berlin, 1992.

[16] LEGER, D. W. und I. A. DIDRICHSONS: *An assessment of data pooling and some alternatives.* Animal Behaviour, 48:823–832, 1994.

[17] LEWIS, D. und C. J. BURKE: *The use and misuse of the chi-square test.* Psychological Bulletin, 46:433–489, 1949.

[18] MACHLIS, L., P. W. D. DODD und J. C. FENTRESS: *The pooling fallacy: problems arising when individuals contribute more than one observation to the data set.* Zeitschrift für Tierpsychologie, 68:201–214, 1985.

[19] MANLY, B. F. J.: *Multivariate statistical methods: a primer.* Chapman and Hall, London, 1986.

[20] MATTHEWS, D. E. und V. T. FAREWELL: *Using and understanding medical statistics.* Karger, Basel, 2. Auflage, 1988.

[21] RICE, W. R.: *Analyzing tables of statistical tests.* Evolution, 43:223–225, 1989.

[22] SACHS, L.: *Statistische Auswertungsmethoden.* Springer, Berlin, 3. Auflage, 1978.

[23] SACHS, L.: *Statistische Methoden: Planung und Auswertung.* Springer, Berlin, 6. Auflage, 1988.

[24] SACHS, L.: *Angewandte Statistik: Anwendung statistischer Methoden.* Springer, Berlin, 7. Auflage, 1992.

[25] SIEGEL, S.: *Nichtparametrische statistische Methoden.* Fachbuchhandlung für Psychologie, Frankfurt a. M., 3. Auflage, 1987.

[26] SIEGEL, S. und N. J. CASTELLAN: *Nonparametric statistics for the behavioural sciences.* McGraw-Hill, New York, 2. Auflage, 1988.

[27] SOKAL, R. R. und F. J. ROHLF: *Biometry.* W. H. Freeman, San Francisco, 2. Auflage, 1981.

[28] TABACHNIK, B. G. und L. S. FIDELL: *Using multivariate statistics.* Harper Collins, New York, 2. Auflage, 1989.

[29] WEBER, E.: *Grundriß der biologischen Statistik.* G. Fischer, Stuttgart, 9. Auflage, 1986.

Index